Rheinisch-Westfälische Akademie der Wissenschaften

Natur-, Ingenieur- und Wirtschaftswissenschaften   Vorträge · N 364

Herausgegeben von der
Rheinisch-Westfälischen Akademie der Wissenschaften

HANS LUDWIG JESSBERGER
Geotechnische Aufgaben der Deponietechnik
und der Altlastensanierung

EGON KRAUSE
Numerische Strömungssimulation

Westdeutscher Verlag

349. Sitzung am 13. April 1988 in Düsseldorf

CIP-Titelaufnahme der Deutschen Bibliothek

Jessberger, Hans Ludwig:
Geotechnische Aufgaben der Deponietechnik und der Altlastensanierung / Hans Ludwig Jessberger. Numerische Strömungssimulation / Egon Krause. – Opladen: Westdt. Verl., 1989
  (Vorträge / Rheinisch-Westfälische Akademie der Wissenschaften: Natur-, Ingenieur- und Wirtschaftswissenschaften; N 364)
ISBN 3-531-08364-3
NE: Krause: Egon: Numerische Strömungssimulation; Rheinisch-Westfälische Akademie der Wissenschaften (Düsseldorf): Vorträge / Natur-, Ingenieur- und Wirtschaftswissenschaften

---

Der Westdeutsche Verlag ist ein Unternehmen der Verlagsgruppe Bertelsmann.

© 1989 by Westdeutscher Verlag GmbH Opladen
Herstellung: Westdeutscher Verlag
Satz, Druck und buchbinderische Verarbeitung: Boss-Druck, Kleve
Printed in Germany
ISSN 0066-5754
ISBN 3-531-08364-3

Inhalt

Hans Ludwig Jessberger, Bochum
Geotechnische Aufgaben der Deponietechnik und
der Altlastensanierung

1. Einleitung	7
2. Dualismus Umweltschutz – Entsorgungs-/Sanierungserfordernis	7
2.1 Entsorgungserfordernis und Umweltschutz	8
2.2 Umweltschutz und Sanierungserfordernis	10
3. Geotechnik der Deponien und Altlasten	15
3.1 Deponietechnik	16
3.2 Altlastensanierung	28
4. Zwei ausgewählte Forschungsschwerpunkte	32
4.1 Schadstofftransport durch mineralische Abdichtungsschichten	32
4.2 Risikoanalyse für Deponieabdichtungen	41
5. Schlußfolgerungen und Ausblick	50
Literatur	54
Anhang: Vollständiger Fehlerbaum für eine Abfalldeponie	56

Diskussionsbeiträge
   Professor Dr. rer. nat. *Ulf von Zahn*; Professor Dr.-Ing. *Hans Ludwig Jessberger*; Professor Dr. rer. nat. *Eckart Kneller*; Professor Dr.-Ing. *Karl Friedrich Knoche*; Professor Dr.-Ing. *Helmut Domke*; Professor Dr. agr. *Fritz Führ*; Professor Dr.-Ing. *Rolf Staufenbiel*; Professor Dr. rer. nat. *Rolf Appel*; Professor Dr. rer. nat. *Werner Schreyer*; Dr.-Ing., Dr.-Ing. E. h. *Siegfried Batzel*; Professor Dr.-Ing. *Paul Arthur Mäcke* 66

Egon Krause, Aachen
Numerische Strömungssimulation

1. Allgemeine Einleitung	73
2. Aerodynamische Anwendungen	76
2.1 Bemerkungen zu den Anfängen	76
2.2 Bedeutung der numerischen Aerodynamik	77

3. Innenströmungen 87
   3.1 Strömungen in technischen Geräten 87
   3.2 Strömungen in Zylindern von Kolbenmotoren 105
4. Modellierung biomedizinischer Prozesse 111
   4.1 Einführung in die Problemstellung 111
   4.2 Experimentelle Kreislaufsimulation 113
   4.3 Numerische Kreislaufsimulation 123
5. Schlußbetrachtung 127
Literatur 129

Diskussionsbeiträge
   Professor Dr. techn. *Franz Pischinger;* Professor Dipl.-Ing. *Egon Krause,* PH.D.; Professor Dr.-Ing. *Rolf Staufenbiel;* Professor Dr.-Ing. *Paul Arthur Mäcke;* Dr.-Ing., Dr.-Ing. E. h. *Siegfried Batzel;* Professor Dr.-Ing. *Wilhelm Dettmering;* Professor Dr.-Ing. *Karl Friedrich Knoche* 131

Geotechnische Aufgaben der Deponietechnik und Altlastensanierung

von *Hans Ludwig Jessberger*, Bochum

1. Einleitung

Meine Ausführungen beziehen sich auf eine Problematik, über die in allgemeiner Form sehr viel gesprochen wird, nämlich die Beseitigung der häuslichen wie industriellen Abfälle sowie die Sanierung der zahlreichen Altlasten, die insbesondere in den Gebieten hoher Industrialisierung verstreut vorhanden sind. Wir betrachten diese Problematik unter dem engeren Gesichtspunkt der Geotechnik. Hierunter kann man die Übertragung von Erkenntnissen der Geowissenschaften auf technische Probleme in Verbindung mit der Anwendung der Grundbautechnik verstehen.

Im ersten Abschnitt will ich versuchen, den Standort der Bearbeitung von Abfalldeponien und Altlasten innerhalb der verschiedenartigen Fragen der Umwelttechnik zu bestimmen, die Einbindung in Vorgaben und Randbedingungen aus anderen Fachgebieten darzustellen und wo nötig Abgrenzungen vorzunehmen. Danach möchte ich mir wichtig erscheinende Aspekte der Deponietechnik und Atlastensanierung ansprechen und dabei insbesondere die geotechnischen Bearbeitungsmethoden herausarbeiten. Im letzten Teil werde ich über zwei Forschungsschwerpunkte innerhalb meines Themas berichten:
  – Einmal über die mineralische Abdichtung, die sowohl bei Deponien als auch bei Altlasten zur Anwendung kommt und mit der wir uns seit längerer Zeit theoretisch und praktisch beschäftigen.
  – Zum anderen spreche ich einen Komplex an, der heute noch nicht zum Stand der Technik gehört, nämlich die Abschätzung von Zuverlässigkeit und Risiko in Verbindung mit Qualitätssicherung bei technischen Maßnahmen der Deponietechnik und Altlastensanierung.

In einer kurzen Zusammenfassung schließlich will ich versuchen, Konsequenzen aufzuzeigen und Entwicklungstendenzen zu skizzieren.

2. Dualismus Umweltschutz – Entsorgungs-/Sanierungserfordernis

Die zahlreichen Randbedingungen und Anforderungen an Deponietechnik und Altlastensanierung lassen sich neben Kostenfaktoren und wirtschaftlichen Überlegungen weitgehend auf den Dualismus von Umweltschutz und Entsorgungserfordernis bzw. Sanierungserfordernis beziehen.

2.1 Entsorgungserfordernis und Umweltschutz

Das Entsorgungserfordernis ergibt sich aus dem Anfall von erheblichen Abfallmengen pro Jahr, in der Bundesrepublik rund 250 Millionen Tonnen mit einem großen Anteil an Bauschutt und Bodenaushub. Hinsichtlich der verschiedenen Abfallarten sind die jeweiligen Definitionen zu beachten. Wir beziehen uns auf das Rahmenkonzept der Sonderabfallentsorgung in Nordrhein-Westfalen [1]. Hier geht die extensive Auslegung des Begriffs Sonderabfall über §2, Absatz 2 Abfallgesetz, hinaus, in dem definiert wird: „Sonderabfall umfaßt jene Abfallarten, bei deren Beseitigung wegen ihrer stofflichen Eigenschaften im Vergleich zu Hausmüll zusätzliche Maßnahmen erforderlich sind."

Im einzelnen wird in dem genannten Rahmenkonzept der Sonderabfallentsorgung Nordrhein-Westfalen wie folgt unterschieden:

– Sonderabfall A (Sonderabfall im engeren Sinn, vorrangig entsprechend § 2, Absatz 2, Abfallgesetz). Dieser Sonderabfall A ist mit problematischen Inhaltsstoffen behaftet und wird als „Giftmüll" bezeichnet.

– Sonderabfall B (Sonderabfall im weiteren Sinne). Er ist mit weniger problematischen Inhaltsstoffen behaftet, die bei entsprechender Vorbehandlung auch über Anlagen für Siedlungsabfälle entsorgt werden können.

– Sonderabfall C (insbesondere industrielle Massenabfälle). Er enthält sehr geringe Teile an problematischen Inhaltsstoffen, aber „nachweispflichtige Abfallarten" nach LAGA-Katalog; der mengenmäßige Anfall steht im Vordergrund (getrennt vom Hausmüll zu entsorgen). Hierzu gehören z. B. Rückstände aus Rauchgasentschwefelungsanlagen.

Auf der Basis dieser Definition wird für Nordrhein-Westfalen angenommen, daß von 1984 bis zum Jahre 2000 die Sonderabfälle um rund 30% zunehmen (s. Tabelle 1).

Tabelle 1: Prognose des im Jahre 2000 zu entsorgenden Sonderabfallaufkommens in Nordrhein-Westfalen

	Anfall an Sonderabfall 1984	zu entsorgen 1984	zu entsorgen Prognose 2000	Änderungen
A	1,9 Mio. t	1,65 Mio. t	1,65 Mio. t	± 0%
B	2,5 Mio. t	1,93 Mio. t	2,70 Mio. t	+ 40%
C	6,1 Mio. t	3,45 Mio. t	4,72 Mio. t	+ 37%
Summe	10,5 Mio. t	7,03 Mio. t	9,07 Mio. t	+ 29%

Das Umweltbundesamt kommt bei einer anderen Definition für „gefährliche Sonderabfälle" für das Jahr 1983 zu rd. 4,9 Mio. t Sonderabfälle für die Bundesrepublik. Für das Jahr 1999 schätzt SUTTER [2] eine Reduzierung der Sonderabfälle um 50 bis 60%. Bundesminister Töpfer hofft bis zum Jahre 2000 auf eine Reduzierung um etwa 30%.

Dieser kleine Exkurs sollte einer Begriffserklärung dienen. Er zeigt aber auch, daß bei Zahlenangaben die Bezüge genau zu beachten sind, und schließlich, wie unterschiedlich die erreichbare Reduzierung der zu entsorgenden Abfallmenge in Verbindung mit der Forderung der 4. Novelle zum Abfallgesetz gesehen wird, die unter dem Postulat steht: *Abfallvermeidung vor Abfallverwertung vor Abfallentsorgung.*

Für Nordrhein-Westfalen wird geschätzt, daß zusätzlich zu den vorhandenen Anlagen bis etwa zum Jahre 2000 dringendster Bedarf an Entsorgungsanlagen für mindestens ca. 18 Mio. t Sonderabfall besteht. Dabei wird Deponieraum für etwa 8 Mio. t Sonderabfall benötigt. Für die restlichen rund 10 Mio. t Sonderabfall müssen physikalisch-chemische Behandlungsanlagen (CPB) bzw. Anlagen der Sonderabfallverbrennung (SAV) geplant und gebaut werden. In diesen Zahlen sind noch nicht die vornehmlich dem Sonderabfall C zuzuordnenden industriellen Massenabfälle enthalten, für die der Entsorgungsweg „Monodeponie" vorgesehen ist.

Auch wenn die Bemühungen um Vermeidung, Verminderung und Wiederverwendung von Abfall zum Erfolg geführt haben, werden Abfälle und Reststoffe anfallen und zu einem hohen Prozentsatz in Deponien abgelagert werden, so daß immer Deponiekapazität bereitgestellt werden muß. Allerdings werden sich mit der TA Abfall die abzulagernden Stoffe ändern, insbesondere werden die Anforderungen an die Deponiekonzepte und Abdichtungstechniken erhöht werden müssen. Wegen des Rechtscharakters der TA Abfall als allgemeine Verwaltungsvorschrift ist es notwendig, daß die in der TA Abfall niedergelegten Anforderungen an die Ausführung technischer Maßnahmen auf der Grundlage wissenschaftlicher Erkenntnisse und praktischer Erfahrungen in Arbeitskreisen technisch-wissenschaftlicher Vereinigungen als aktueller Stand der Technik dokumentiert und bei fortschreitender Entwicklung nachgehalten werden. Für die Umsetzung der TA Abfall-Anforderungen in geotechnische Maßnahmen bieten sich die Arbeitskreise der Deutschen Gesellschaft für Erd- und Grundbau, insbesondere der Arbeitskreis 11 „Geotechnik der Deponien und Altlasten" an [3].

Weitere Anforderungen ergeben sich aus der Abfalltechnik, wobei die für die Deponierung vorgesehenen Abfallstoffe einschließlich einer Beschreibung ihrer Reaktionsvorgänge zu erarbeiten sind, und zwar nicht nur für Monodeponien, sondern für alle abzulagernden Abfälle und Reststoffe. Wenn erforderlich, sind die Randbedingungen für die Vorbehandlung und/oder Konditionierung der Abfallstoffe vor der Einlagerung in Deponien ebenfalls festzulegen.

Diesen Zusammenhang zwischen abfalltechnischen Vorgaben und geotechnischen Maßnahmen zeigt in anschaulicher Weise das Deponiekonzept des Landes Nordrhein-Westfalen [4]. Hier sind durch Definitionen der Abfallinhaltsstoffe und deren Konzentration Kriterien vorgegeben, nach denen insgesamt sechs Deponieklassen unterschieden werden:
Deponieklasse 1 – Bodenablagerungen,
Deponieklasse 2 – Mineralstoffe,
Deponieklasse 3 – Siedlungsabfälle (Hausmüll u. ä.),
Deponieklasse 4 – Abfälle aus Gewerbe und Industrie,
Deponieklasse 5 – Sonderabfälle aus Industrie und Gewerbe, an deren Beseitigung besondere Ansprüche zu stellen sind,
Deponieklasse 6 – Untertagedeponie für Sonderabfälle, bei deren Lagerung auf anderen Deponien Umweltschäden nicht ausgeschlossen werden können.

2.2 Umweltschutz und Sanierungserfordernis

Für die Altlastensanierung gilt, daß man von den Anforderungen an die Erhaltung (und Wiederherstellung) einer sauberen Umwelt ausgeht. Daraus sind Maßstäbe und Grundsätze zu entwickeln, „anhand derer das Gefahrenpotential von Altlasten zuverlässig beurteilt werden kann" (Minister Matthiessen, Konstituierende Sitzung der Altlastenkommission NRW). Erst durch die Anwendung dieser Maßstäbe und Grundsätze werden Altlasten als solche definiert und erkannt.

Die Altlastenproblematik ist eingebunden auch in die vorrangigen umweltpolitischen Ziele der Bundesregierung. So findet sich z. B. in der Bodenschutzkonzeption der Bundesregierung unter „Stoffliche Einwirkungen auf den Boden" unter 3. „Sonstige stoffliche Einwirkungen" an erster Stelle 3.1 „Altlasten", und wird bei den Lösungsansätzen „Forschung und Entwicklung" herausgestellt „Neue Techniken zur Erkennung und Bewertung von Altdeponien (Detektionstechniken)" – ich ergänze „und Altstandorten". Außerdem werden hinsichtlich der Beteiligung des Bundes folgende Schwerpunkte genannt:
– Konzept zur umfassenden Aufbereitung der Altlastenprobleme,
– Beteiligung des Bundes bei der Erarbeitung einheitlicher Kriterien für Sanierungsmaßnahmen,
– Forschungs- und Modellvorhaben zur Entwicklung neuer und kostengünstiger Sanierungsverfahren.

Schließlich liegt ein Förderungskonzept „Bodenbelastung und Wasserhaushalt (Bodenforschung)" des BMFT vor. Hier ist neben Themenfeldern wie „Ökosystemare Funktion charakteristischer Böden"oder „Quantifizierung der stofflichen Belastung von Böden" im Kapitel „Bodenbelastung durch Flächeninanspruchnahme" der Unterpunkt enthalten: „Kriterien zum Auffinden und zur Beurteilung von Altlasten (Detektion, Kartierung und Bewertung)".

Nachdem vor etwa zehn Jahren die Altlastenproblematik in das öffentliche Bewußtsein kam, haben die Verantwortlichen in den Ländern die Bedeutung der Methoden zur Erkennung von Altlasten und der Maßstäbe zur Beurteilung der Altlasten erkannt und für diese Fragestellung wegweisende Richtlinien erarbeitet. In Nordrhein-Westfalen kamen 1985 die „Hinweise zur Ermittlung von Altlasten" heraus [5]. Auch für Berlin und Baden-Württemberg liegen inzwischen einschlägige Verlautbarungen vor.

Die Diskussion um die Beurteilung des Gefährdungspotentials wird schon seit einiger Zeit geführt und sie ist noch nicht abgeschlossen. Es liegen nur für wenige Gefahrenbereiche direkt anwendbare Richt- oder Grenzwerte vor [6]. Richt- oder Grenzwerte aus anderen Bereichen dürfen nur hilfsweise für die Beurteilung des Gefährdungspotentials herangezogen werden. Insbesondere ist zu beachten, für welche Zielrichtung solche Grenzwerte gelten.

In die Beurteilung des Gefährdungspotentials ist eingeschlossen eine Entscheidung über das Sanierungserfordernis, bei der Schadstoff-*Quelle*, Schadstoff-*Weg* und Schutz-*Ziel* in die Betrachtung eingeschlossen sein müssen. In diesem Sinne formuliert HACHEN [7], daß „bei der Gefährdungsabschätzung zu beachten ist, daß nicht das Vorhandensein eines Gefährdungspotentials (oder Schadstoffinventars), sondern erst seine Mobilisierung oder Emission eine Gefahr darstellt (Gefahrenpfad). Das mobilisierte Potential trifft auf ein Schutzgut. Erst hier tritt eine Gefährdung ein, deren Grad abhängig ist von der Intensität der Nutzung durch den Menschen. Daher kann eine Gefahrenbeurteilung nur nutzungsbezogen in bezug auf die Immission der Schadstoffe auf das Schutzgut erfolgen. Ausschließliche Bewertungen des Schadstoffinventars führen zu falschen Ergebnissen."

Die Sanierungsverfahren greifen entsprechend dem o. g. Prinzip ein entweder
- bei der Quelle der Schadstoffausbreitung oder
- bei dem Gefährdungspfad oder
- bei der Sicherung des Schutzgutes.

„Grundsätzlich ist die volle Wiederherstellung der natürlichen Lebensgrundlage Boden" als Qualitätsziel der Sanierung [8] anzustreben. Davon abweichende bzw. verminderte Qualitätsziele der Altlastensanierung sind grundsätzlich als Zwischenstufe der Sanierungsplanung, aber nicht als deren Endpunkt festzusetzen. Vor diesem Hintergrund wird man in der Tat oftmals keine endgültige Sanierung erreichen oder anstreben, sondern unter dem Gesichtspunkt des Zeitgewinns handeln müssen, wobei die gewonnene Zeit möglichst lang anzusetzen ist. Wenn man den Oberbegriff der Sanierung beibehält, kann dementsprechend unterteilt werden in *Reinigung, Beseitigung, Sicherung.*

Nach dem derzeitigen Stand der Technik beziehen sich die Begriffe „Reinigung" und „Beseitigung" vornehmlich auf Sanierungsverfahren für Altstandorte, während aus technischen Gründen die Sanierungsverfahren für Altdeponien im wesentlichen unter dem Gesichtspunkt der „Sicherung" zu sehen sind.

Die Beurteilung der einzusetzenden Sanierungsverfahren orientiert sich in allen Fällen zunächst am Schadstoffinventar und an den örtlichen Gegebenheiten (Altstandort oder Altdeponie) in Verbindung mit der Geologie und Hydrogeologie, insbesondere am angestrebten und heute erreichbaren Sanierungsziel. Somit ergeben sich folgende Bearbeitungsschritte:
- grundsätzliche Sanierungstechnologie,
- Verfügbarkeit und Einsetzbarkeit des Sanierungsverfahrens,
- erreichbarer Sanierungserfolg.

Für „Reinigung" und „Beseitigung": *How clean ist clean? Clean is clean!*
Für „Sicherung": Beständigkeit und Langzeitverhalten.

Unabhängig von den aktuellen Entwicklungen muß man sich Gedanken in bezug auf den Umfang der erforderlichen Altlastensanierung machen. Für den Stand 1984/1985 wird von FRANZIUS [9] angegeben, daß man von 35 000 Verdachtsflächen – Altdeponien und gefahrenverdächtigen Altstandorten – ausgeht, wobei Nordrhein-Westfalen mit 8000 Verdachtsflächen beteiligt war. FRANZIUS schätzt nach dem damaligen Erkenntnisstand einen Sanierungsbedarf für 5400 Altlasten mit einem Finanzvolumen bis zum Jahre 1996 von etwa 17 Milliarden DM. Heute wird geschätzt, daß insgesamt etwa 50 000 Verdachtsflächen vorhanden sind; für Nordrhein-Westfalen wird eine Zahl von 10 600 genannt [10]. Wenn man analog zu den Überlegungen von FRANZIUS wiederum rd. 15% der Verdachtsstandorte als sanierungsbedürftig ansieht, dann ist derzeit in der Bundesrepublik Deutschland mit etwa 7500 Sanierungen zu rechnen. Der finanzielle Aufwand ergibt sich bei linearer Extrapolation zu rund 20 Mrd. DM, aufgeteilt auf zehn Jahre.

Zu den Sanierungsverfahren selbst wurden bereits mehrere Forschungs- und Entwicklungsvorhaben durchgeführt. Derzeit liegt der Schwerpunkt in der Erprobung verschiedener Verfahren in großmaßstäblichen Pilotprojekten oder in Ausführungen von Sanierungsmaßnahmen, die z. T. als Demonstrationsvorhaben mit oft erheblichem zusätzlichen Meß- und Untersuchungsaufwand durchgeführt werden. Einen Überblick über die wichtigsten Sanierungsverfahren geben entsprechende Hinweise des Ministers für Umwelt, Raumordnung und Landwirtschaft Nordrhein-Westfalen [11], in die auch erste Bewertungsansätze eingearbeitet sind, sowie eine Broschüre des Bauindustrieverbandes [12], in der Angaben über den

Stand der Verfahren im Hinblick auf die praktische Durchführbarkeit enthalten sind.

Je nach ihrer grundsätzlichen Wirkungsweise können diese Sanierungsverfahren wie folgt unterteilt werden:
- Auskofferung,
- Extraktion („Wäsche"),
- Hydraulische/pneumatische Verfahren,
- Thermische Behandlung,
- Verfestigung/Adsorption,
- Mikrobielle Behandlung,
- Einkapselung.

Im Hinblick auf die Bewertung der Sanierungsverfahren sind folgende Gesichtspunkte unerläßlich:
- Sanierungsziel/Sanierungserfolg,
- Umwelthygiene,
- Emissionsverhalten (Luft, Wasser, Boden),
- Restentsorgung,
- Arbeitsschutz/Personenschutz,
- Spätere Nutzung,
- Baustoffrecycling,
- Akzeptanz.

Wie diese Aufstellung der maßgeblichen Gesichtspunkte zeigt, handelt es sich um einen sehr breiten Bearbeitungskatalog. Im allgemeinen steht bisher bei der Auswahl von Sanierungsverfahren im Vordergrund das Sanierungsziel, das oft nur in den Umrissen beschrieben werden kann, ohne dabei die mit dem gesamten Verfahren verbundenen Konsequenzen im Blick zu haben. Weiterhin gibt man sich oft nicht in ausreichender Weise Rechenschaft über den verfahrensmöglichen Sanierungserfolg unter besonderer Berücksichtigung der zahlreichen, bei der Durchführung der Sanierung zu erwartenden Abweichungen von idealisierten Randbedingungen. Demnach ist es notwendig, die Frage von Sanierungsziel und Sanierungserfolg in Verbindung mit Erfahrungen und Beobachtungen bei ausgeführten Sanierungen bzw. Pilotprojekten zu beantworten. Weiterhin sind die medizinisch-toxikologischen Anforderungen während sämtlicher Stufen der Sanierungsdurchführung zu berücksichtigen. Dies gilt schließlich auch im Hinblick auf die Frage, wie in diesem Zusammenhang das Ergebnis der Sanierung im vorhinein abgeschätzt und beurteilt werden kann. Hier geht es wieder um den Sanierungserfolg, aber jetzt unter dem Gesichtspunkt der medizinisch-toxikologischen Bewertung des „Endproduktes", das ja letztlich für die Bewertung des Verfahrens, für die entsprechende Entscheidung für dieses Verfahren und außerdem für die Akzeptanz der Maßnahme eine besondere Rolle spielt.

Voraussetzung für die Anwendung medizinisch-toxikologischer Kriterien ist die Kenntnis über das Emissionsverhalten des kontaminierten Materials während der einzelnen Bearbeitungs- bzw. Reinigungsstufen bis hin zum „Endprodukt" sowie auch die Abschirmungswirkung entsprechender Einkapselungen. Im Hinblick auf den letztgenannten Punkt muß vor der Entscheidung für ein Sanierungsverfahren geklärt sein, ob mit dem entsprechenden Verfahren das angestrebte Ziel – in diesem Fall die Sicherung – in dem erwarteten Umfang erreicht wird und das „Endprodukt" – in diesem Fall z. B. eine Schlitzwand oder eine Oberflächenabdichtung – die Anforderungen erfüllt. Es muß also eine Möglichkeit erarbeitet werden, im vorhinein das Ergebnis der Sanierung/Sicherung medizinisch-toxikologisch zu bewerten.

Die Frage der Restentsorgung spielt ohne Zweifel bei allen Sanierungsverfahren eine wichtige Rolle. Dabei geht es einmal um alle Stoffe und Zwischenprodukte, die während der Bearbeitung anfallen (z. B. Abluft bei thermischen Verfahren, Aushub bei Dichtungsschlitzwänden etc.), sowie um die am Ende eines Verfahrens verbleibenden Stoffe wie z. B. bei einer „Bodenwäsche" die hochkontaminierten Feinteile oder das schadstoffbehaftete Extraktionsmittel. Es ist daher notwendig, für die einzelnen Verfahren in Verbindung mit den Kontaminationen der Altlast diese Reststoffe sowohl qualitativ als auch quantitativ vorabzuschätzen und schließlich zufriedenstellende Lösungen für die Entsorgung zu finden.

Analog zu der Frage der Reststoffentsorgung ist zu prüfen, welche Eigenschaften das gereinigte Material besitzt und wie in Verbindung mit diesen Eigenschaften ein Recycling möglich ist. Hier werden die Erkenntnisse aus Forschungsvorhaben einbezogen, die sich z. B. auf Bauschuttrecycling oder die Wiederverwendung von thermisch behandeltem Material beziehen.

Neben der technischen Realisierbarkeit und dem erreichbaren Sanierungserfolg spielt die Frage der Akzeptanz entsprechender Sanierungsverfahren eine wichtige Rolle. Eine befriedigende Antwort auf diese Frage erfordert Detailkenntnisse der Verfahren und insbesondere der einzelnen Bearbeitungsschritte, und zwar nicht allein bezogen auf das eigentliche Verfahren, sondern auch auf die mit dem Verfahren verbundenen sonstigen Bearbeitungsstufen (z. B. Handling, Transport etc.). Dabei müssen die einzelnen Ergebnisse so aufbereitet sein, daß sie auch einer medizinisch-toxikologischen Bewertung zugänglich gemacht werden können.

Schließlich sind die Sanierungsverfahren in ihren jeweiligen Bearbeitungsphasen mit Zwischenprodukt sowie bezogen auf das Gesamtergebnis auf die Umweltverträglichkeit hin zu überprüfen. Diese Überprüfung geschieht unter Einschluß der Risikoanalyse in Anlehnung an die hierzu bereits vorliegenden Methoden, die ggf. auf die Störfallverordnung zu erweitern sind. Im Verfahren der Risikoanalyse liegt allerdings eine Beschränkung dergestalt, daß eine objektive

Bewertung nicht zu erwarten ist, aber eine sogenannte „intersubjektivierte" Bewertung anzustreben ist. Wenn sich dieser Weg als gangbar erweist, müssen die Grunddaten für diese intersubjektivierte Bewertung im Rahmen von Expertengesprächen erarbeitet werden.

3. Geotechnik der Deponien und Altlasten

Erfordernis, Anforderungen und Umfang der Abfallentsorgung von Deponien und der Altlastensanierung sind dargestellt worden. Nachfolgend sollen einige wichtige technische Aspekte angesprochen und eine Hinführung auf die geotechnischen Aufgaben gebracht werden.

Geotechnik als Fachgebiet hat seine Wurzeln in der Geowissenschaft und in der Bautechnik. Konkret werden die Fachgebiete Geologie und Hydrogeologie einschließlich Geochemie und Mineralogie angesprochen und parallel dazu Grundbautechnik, Bodenmechanik bis zur Bauverfahrenstechnik. Eine Abgrenzung liegt vor in Richtung auf die Abfalltechnik sowie auf die chemische Analytik.

Die geotechnischen Aufgaben der Deponietechnik und der Altlastensanierung basieren auf dem Multibarrierenkonzept, bei dem nach STIEF [13] folgende Barrieren unterschieden werden: Deponiestandort, Deponiebasisabdichtungssystem, Deponiekörper, Oberflächenabdichtungssystem, Nutzung, Kontrolle und Nachsorge.

Bild 1: Schematische Darstellung der Sicherheitselemente einer Sonderabfalldeponie, nach [1]
1 Vermeidung, Verwertung, 2 Vorbehandlung, 3 Entsorgung durch Fachfirma mit Fachpersonal, 4 Kontrollen, 5 Einbautechnik, 6 Erfassung, Dokumentation, 7 Sickerwasserfassung und Behandlung, 8 Basisabdichtung (Kunststoffdichtungsbahn), 9 Basisabdichtung (mineralisch), 10 Standortgeologie, 11 Oberflächenabdichtungssystem, 12 Überdachung

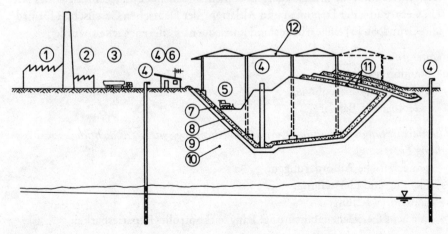

Für Deponien lassen sich die geotechnischen Aufgaben anhand einer Übersicht erklären (Bild 1), in der schematisch die Sicherheitselemente einer Sonderabfalldeponie dargestellt sind. Dabei wird gleichzeitig das sogenannte Multibarrierenkonzept deutlich, bei dem von einer endlichen Wirksamkeit der einzelnen technischen Maßnahmen, daneben auch von unvermeidlichen Imperfektionen im Abdichtungssystem ausgegangen und gleichzeitig dafür gesorgt wird, daß im Bedarfsfall jeweils andere Barrieren einspringen und somit die Gesamtausführung einer Deponie bis zu einem bestimmten Sicherheitsniveau auf Dauer funktionsfähig bleibt. Entsprechende Überlegungen gelten grundsätzlich auch für die Altlastensanierung, insofern es sich um Einkapselungen, d. h. die Anordnung von Abdichtungselementen handelt.

Es sei darauf hingewiesen, daß das Prinzip von Mehrfachbarrieren auch in anderen Bereichen große Bedeutung hat, z. B. bei den Konzepten zur Ablagerung von radioaktivem Abfall, bei der Lagerung von Flüssiggas und bei der Lagerung von grundwassergefährdenden Stoffen. Bezogen auf die Abfallentsorgung findet sich das Multibarrierenkonzept auch in den Vorüberlegungen zur TA Abfall [14] und in den Vorschriften der USA – *Environmental Protection Agency*.

3.1 Deponietechnik

In Verbindung mit dem Multibarrierenkonzept und unter Einbeziehung weiterer grundbautechnischer und bodenmechanischer Fragen, wie z. B. Bemessung und Konstruktion von Einbauten sowie Böschungsstandsicherheit und Setzungsberechnungen, ergeben sich u. a. folgende geotechnische Aufgaben in der Deponietechnik, die insbesondere in den entsprechenden Empfehlungen des AK 11 „Geotechnik der Deponien und Altlasten" der Deutschen Gesellschaft für Erd- und Grundbau [3] eingearbeitet und konsequent weiterentwickelt wurden:

Untergrund:
- Standorterkundung,
- Geologie/Hydrogeologie,
- „Geologische Barriere".

Basisabdichtungssystem mit Oberflächenabdichtungssystem (Abdichtung, Entwässerung/Entgasung):
- geotechnische Anforderungen,
- Planung und Herstellung,
- Güteüberwachung,
- nur bei Oberflächenabdichtung: Langzeitkontrolle/Reparierbarkeit.

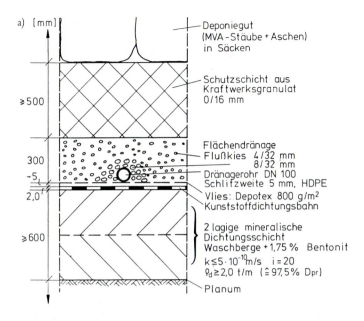

Tafel I: Basisabdichtungssystem für die Deponie Hamm-Bockum-Hövel
  a) Schemazeichnung des Basisabdichtungssystems
  b) Bauvorgang: auf der Böschung ist die Kunststoffdichtungsbahn und teilweise auch das Kunststoffvlies aufgebracht, auf der ebenen Fläche ist außerdem die Flächendränage eingebaut. (Foto: Jessberger & Partner, Bochum)

a)

b)

Tafel II: Teleskopschacht der Deponie „Flotzgrün" (Fotos: Bilfinger + Berger, Mannheim)
  a) Schachtfundament
  b) Steinpackung als Dränageschicht am Umfang des ersten Schachtabschnittes

△ a)
▽ b)

Tafel III: Sanierung Dortmund-Dorstfeld-Süd (Fotos: Jessberger & Partner, Bochum)
    a) Temporäre Versiegelung der Aushubfläche mit Spritzbeton
    b) Thermische Behandlungsanlage

Tafel IV: Dichtwand Milchplatz (Fotos: Verfasser)
a) Einbau einer 3fachen Spundbohle in die Dichtwand
b) Großversuch zum Einsatz der HDPE-Kunststoffdichtungsbahn bei einer Dichtwand als „Kombinationsdichtung"

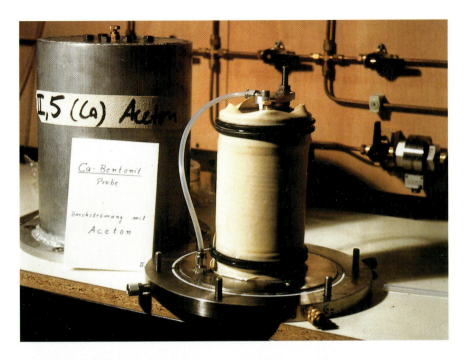

Tafel V: Durchlässigkeitsversuche (Fotos: Jessberger & Partner, Bochum); oben: Einzelzelle mit Probe vor dem Zusammenbau, unten: Anordnung mehrer Zellen in Speziallabor

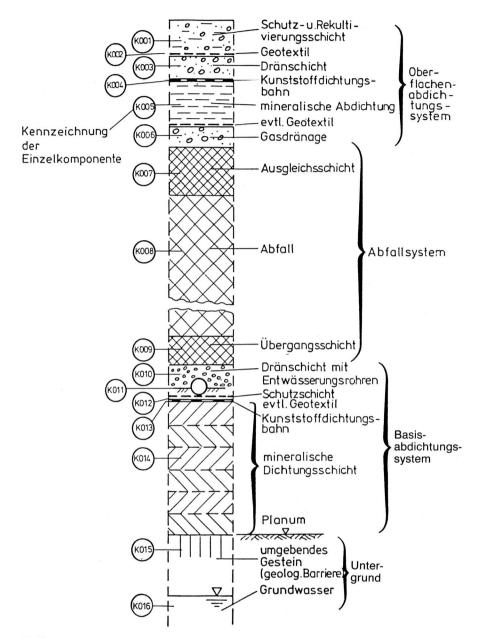

Tafel VI: Komponenten von Abdichtungssystemen bei Abfalldeponien

Geotechnische Aufgaben der Deponietechnik und der Altlastensanierung 23

a)

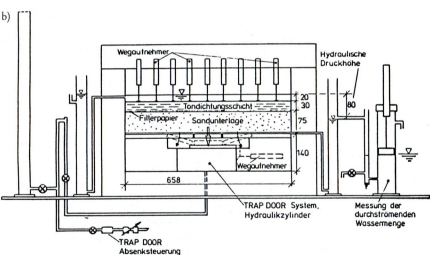
b)

Tafel VII: a) Großzentrifuge Bochum (Foto: Grundbau und Bodenmechanik, Ruhr-Universität Bochum)
b) Zentrifugenmodell zur Untersuchung des Deformationsverhaltens von Tondichtungsschichten.

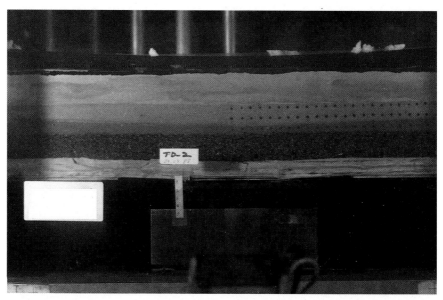

△ a)
▽ b)

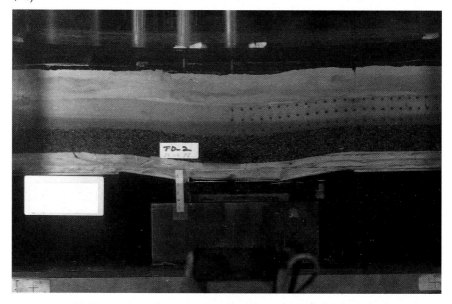

Tafel VIII: „in flight"-Fotos von Versuch Tafel VII b (Fotos: Grundbau und Bodenmechanik, Ruhr-Universität Bochum)
 a) Vor Absenkung der Falltüre
 b) Nach Absenkung der Falltüre um 1 cm

Deponiekörper:
– Standsicherheits- und Setzungsberechnung,
– Bauverfahren und Konstruktion.

Die Übertragung auf die einzelnen Elemente einer Deponie läßt sich wie folgt darstellen.

Deponiestandort:
Hier ist die geotechnische Aufgabe klar in der Erkundung der geologisch/hydrogeologischen Gegebenheit zu erkennen. Dabei kommt dem Deponiestandort als geologischer Barriere eine besondere Bedeutung zu, da diese geologische Barriere innerhalb des Multibarrierenkonzeptes zusätzlich zu den anderen Barrieren, die technische Maßnahmen darstellen, gefordert wird.

Deponiebasisabdichtungssystem:
Das Abdichtungssystem besteht aus der eigentlichen Abdichtung und der Entwässerung. Beide Elemente gehören primär zu den grundbautechnischen Aufgaben, wobei auch bodenmechanische Gesichtspunkte eine wichtige Rolle spielen. Die Anforderungen ergeben sich teils aus mechanischen Beanspruchungen wie Auflast, Verformung des Untergrundes, d. h. Lastverformungsverhalten des Systems bei gleichzeitig geforderter Langzeitstandsicherheit. Daneben steht die chemisch-biologische Beanspruchung aus dem Sickerwasser. Gegen diese Beanspruchung muß das System mit seinen Einzelbestandteilen resistent sein.

Als gute Lösung einer Basisabdichtung wird derzeit die sog. „Kombinationsdichtung" diskutiert, bei der eine mineralische Abdichtungsschicht mit einer aufgelegten Kunststoffdichtungsbahn zu einer dauerhaften Abdichtungswirkung gebracht wird [15]. Tafel I zeigt als Beispiel einer Kombinationsdichtung das Basisabdichtungssystem der Reststoffdeponie Hamm. Für eine solche Basisabdichtung bedeuten die o. g. Anforderungen:
– Die Kunststoffdichtung muß funktionsfähig erhalten bleiben.
– Der mineralischen Abdichtungsschicht kommt im Hinblick auf die Langzeitdichtung besondere Bedeutung zu.
– Die Anforderung an die Entwässerung liegt in der langfristigen Abführung des Sickerwassers.

An dieser Stelle kann in Verbindung mit der Basisabdichtung kurz auf die sogenannten Hochsicherheitsdeponien eingegangen werden; das sind Behälterbauwerke, bei denen mit technischen Mitteln eine Abdichtung, Entwässerung und insbesondere Tragfähigkeit konstruktiv erzeugt wird. Es handelt sich hier um siloartige Bauwerke, die weniger im Hinblick auf die Langzeitbeständigkeit Bedeutung haben, sondern die nur als zeitlich begrenztes Zwischenlager mit der üblichen

Lebensdauer eines Ingenieurbauwerks einzusetzen sind. Bezüglich der Langzeitsicherheit müssen wir von der Geologie, von dem natürlichen Bodenaufbau und von der Lagerung von natürlichen Bodenschätzen lernen. Dies bezieht sich auf Verformbarkeit, Resistenz, Speichervermögen, Rückhaltevermögen etc.

Deponiekörper:

Bei dem Deponiekörper als Barriere zeigt sich deutlich die Abgrenzung der geotechnischen Aufgabenstellung zur Abfalltechnik, da uns primär das mechanische Verhalten des Deponiekörpers interessiert, allerdings in Verbindung mit den Inhaltsstoffen des Abfalls. Dieser Abfall kann vorbehandelt werden, um die mechanischen Eigenschaften zu verändern und möglichst zu verbessern. Diese Vorbehandlung kann z. B. durch intensives Verdichten und damit Setzungsvorwegnahme, durch Verfestigung zur Immobilisierung der Schadstoffe oder sonstige Behandlung, z. B. Verbesserung der Böschungsstandsicherheit, erfolgen. Dabei ist zu berücksichtigen, daß Abfall in sehr unterschiedlicher Form vom festen anorganischen Abfall über lockeren organischen Abfall bis zu Stäuben, Schlämmen und Flüssigkeiten anfällt.

Die geotechnische Aufgabe innerhalb des Deponiekörpers bezieht sich aber auch auf die Planung, Bemessung und Konstruktion von Einbauten wie z. B. von Sickerschächten, auf deren Gründung und die Standsicherheit dieser Schächte im Hinblick auf die verschiedenartigen Belastungen, die durch unterschiedliche Setzungen im Deponiekörper hervorgerufen werden. Außerdem gehören hierzu die Sickerleitungen einschließlich der Verbindungen und Durchtrittsstellen durch andere Bauwerke usw. sowie auch die Einbauverfahren des Abfalls mit konstruktiven Elementen wie Poldern und Dämmen sowie Abdeckungen bzw. Zwischenabdeckungen. Tafel II zeigt als Beispiel die Gründung eines der Sickerschächte der Deponie Flotzgrün, die als sog. „Teleskopschächte" ausgeführt sind und eine durch einen Bewehrungskorb gehaltene Steinpackung als Dränageschicht zur raschen vertikalen Ableitung von Sickerwasser enthalten.

Oberflächenabdichtungssystem:

Bei dem Oberflächenabdichtungssystem sind grundsätzlich zwei Funktionen zu beachten, nämlich einmal das Abhalten von Niederschlagswasser gegenüber dem Eintritt in die Deponie und zum anderen das Verhindern von Gasaustritten aus der Deponie in die Atmosphäre. Aus dieser meist zweifachen Funktion ergibt sich der Aufbau eines Oberflächenabdichtungssystems, das aus der eigentlichen Abdichtungsschicht besteht, über der eine Entwässerungsschicht zur Ableitung des Niederschlagswassers und unter der eine Gasdränage zur Ableitung des Deponiegases angeordnet ist (Bild 2). Die geotechnische Aufgabenstellung ist hier analog zu der Basisabdichtung zu sehen, allerdings mit dem Unterschied, daß bei einer

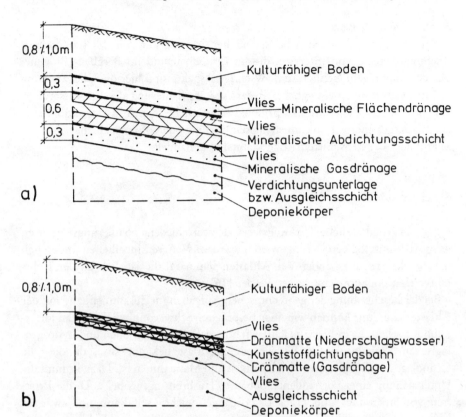

Bild 2: Oberflächenabdichtungssystem mit Abdichtungs- und Dränageschichten
   a) aus Mineralstoff
   b) aus Kunststoff

Oberflächenabdichtung nicht immer mit Schadstoffangriff (z. B. Deponiegas) zu rechnen ist. Ergänzend dazu ist bei einem Oberflächenabdichtungssystem eine Funktionskontrolle und ggf. eine Reparatur bei Eintritt von Schäden möglich.

Nutzung:

Hier steht die Frage der Gestaltung der Oberfläche und der Nutzung in dem Sinne, ob auf einer Deponie Bauwerke oder Erholungsanlagen bzw. Grünflächen angeordnet werden, im Vordergrund. Dabei ist zu beachten, daß die Oberflächenabdichtung möglichst nicht beschädigt wird bzw. daß die Nutzung ggf. Kontrolle und Reparatur ermöglicht. Die geotechnische Aufgabenstellung liegt hier vornehmlich in der Standsicherheitsuntersuchung.

Kontrolle und Nachsorge:

Von dem geotechnischen Arbeitsgebiet her sind in erster Linie Meß- und Überwachungssysteme von Interesse, die im Grundbau und im Bergbau (Pipeline-Überwachung) gebräuchlich sind. Wichtige Aspekte sind hier die Überwachung der Entwässerung sowie ggf. bei Bedarf spätere Sanierung des Entwässerungssystems. Dabei ist allerdings zu prüfen, ob ein solches Kontrollsystem über eine langfristig gesicherte Funktionsfähigkeit verfügt oder ob es sich hier nur um kurz- oder höchstens mittelfristige Maßnahmen handelt.

3.2 Altlastensanierung

Auf die grundsätzliche Wirkungsweise der verschiedenen Sanierungsverfahren ist in Abschnitt 2.2 bereits hingewiesen worden. Weitere Einzelheiten finden sich u. a. in den Tagungsbänden der Altlasten-Seminare, die jährlich an der Ruhr-Universität Bochum veranstaltet werden [16].

Bei der Beschreibung der geotechnischen Aufgaben im Zusammenhang mit der Altlastensanierung können wir einen besonderen Schwerpunkt bei der Standorterkundung sehen. Es ist hier zunächst wichtig, daß die geologischen und hydrogeologischen Verhältnisse im Bereich einer Altlast bekannt sind, da dies die Grundlage für alle weiteren Überlegungen und Maßnahmen ist. Dazu kommt die Untersuchung einer vorhandenen Schadstoffausbreitung, wobei u. U. die Erfassung von Strömungs- und Transportvorgängen wichtig sein kann, und zwar für Einkapselungen im Hinblick auf den Ist-Zustand sowie auch im Hinblick auf eine mögliche Schadstoffausbreitung nach erfolgter Sanierung/Sicherung.

Die geotechnischen Aufgaben der Altlastensanierung lassen sich wie folgt zusammenfassen:

Untergrund:
- Standorterkundung,
- Geologie/Hydrogeologie.

Sanierungstechniken:
- *in situ*-Behandlung,
- *on site/off site*-Behandlung,
- vertikale Abdichtungssysteme,
- Oberflächenabdichtungssysteme,
- hydraulische Maßnahmen.

Hierfür gilt:
- geotechnische Anforderungen,

- Planung und Herstellung bzw. Durchführung,
- Eignung,
- Güteüberwachung,
- Langzeitkontrolle/Reparierbarkeit.

Die Verfahren, die eine Behandlung unmittelbar an der Altlast oder in gewisser Entfernung davon vorsehen, haben als geotechnische Aufgabe z. B. den Aushub des Bodens, den Transport und den Wiedereinbau, ggf. mit zusätzlichem Zwischenlagern. Innerhalb der eigentlichen Behandlungsverfahren bei einer chemisch-physikalischen Behandlung (CPB) oder einer thermischen Behandlung (Verbrennung) spielen natürlich die Materialeigenschaften eine besondere Rolle, die bodenmechanisch und mineralogisch zu erfassen und zu beschreiben sind; hier ist eine enge Verknüpfung zwischen geotechnischen Methoden und der Verfahrenstechnik zu sehen. So ist z.B. bei dem Bodenwaschverfahren die Bodenart, insbesondere der Feinanteil sehr wichtig, in welchem die Schadstoffe konzentriert sind, der aber nicht gereinigt werden kann, sondern anderweitig entsorgt werden muß, z.B. thermisch oder biologisch bzw. durch Deponierung. Bei der thermischen Bodenbehandlung beeinflußt auch die Bodenart den Betrieb der Anlage und das Ergebnis der Behandlung. Für den thermisch behandelten Boden schließlich ist nicht nur dessen Kulturfähigkeit von Bedeutung, sondern bei einem Wiedereinbau, bei der Verwendung als Baustoff für den Dammbau o. ä. müssen die bodenmechanischen Eigenschaften bestimmt und berücksichtigt werden.

Als Beispiel für eine abgeschlossene Sanierung wird kurz auf die Sanierungsmaßnahmen in einem Bereich des Neubaugebietes Dortmund-Dorstfeld-Süd eingegangen [17], das vornehmlich mit kokereispezifischen Schadstoffen belastet war. Als Sanierungsziel war vorgegeben, dauerhaft gesunde Wohnverhältnisse zu schaffen, wobei die Bausubstanz mit technisch beherrschbaren Mitteln und vertretbarem finanziellen Aufwand erhalten bleiben sollte. Für die Sanierung wurde Bodenaustausch mit unterschiedlicher Aushubtiefe festgelegt. Tafel III a) wurde während der Sanierungsarbeiten aufgenommen und zeigt als Arbeitsschutzvorkehrung die temporäre Versiegelung der Aushubfläche mit Spritzbeton. Unter der Aushubsohle verbleibende Restkontaminationen wurden durch eine gasdichte Sperrschicht mit unterlagernder Bodenluftdränage ergänzt. Die ausgehobenen, vorwiegend organisch belasteten Böden wurden teilweise einer thermischen Behandlung zugeführt (Tafel III b).

Das Verfahren der Einkapselung (Bild 3), d. h. Isolierung der Schadstoffe gegenüber der umgebenden Biosphäre, ist eine ausgesprochen grundbautechnische Aufgabe. Die Oberflächenabdichtung ist schon im vorhergehenden Kapitel angesprochen worden. Dazu kommen vertikale Dichtwände, die eine seitliche Abgrenzung gegenüber dem nichtbelasteten Boden und Grundwasser darstellen und über die

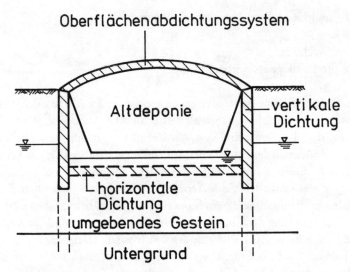

Bild 3: Abdichtungssysteme bei einer Altdeponie

später noch zu sprechen sein wird. Weiterhin besteht die grundsätzliche Möglichkeit, auch nachträglich eine Dichtungssohle von unten einzuziehen, um den Schadstoffaustritt nach unten zu vermeiden.

Vertikale Dichtwände werden häufig als sog. Schlitzwände hergestellt. Bild 4a zeigt das Herstellungsverfahren, bei dem unter Verwendung einer Bentonit-Wasser-Mischung als Stützsuspension zur Stabilisierung der Seitenwände des Schlitzes gegen Erd- und Wasserdruck der Schlitz ausgehoben wird, in dem planmäßig die vorgesehene Dichtwandmasse eingebracht wird. Schlitzwandgreifer oder steuerbare Fräsen werden zum Aushub des Schlitzes eingesetzt, der dann bei der sog. Zweimassenwand im Kontraktorverfahren mittels Schüttrohr mit der Dichtmasse verfüllt wird. In der Regel wird der einzelne Schlitz an der Stirnseite zum Erdreich hin mit einem Abschalrohr abgeschlossen, das nach ausreichender Erhärtung der Dichtwandmasse wieder gezogen wird. Die einzelnen auf diese Weise hergestellten Wandlamellen berühren sich in Arbeitsfugen, stellen aber im übrigen eine kontinuierlich durchgehende Dichtwand dar.

Eine Entwicklung ging vor mehreren Jahren dahin, die Eigenschaften der Stützsuspension so einzustellen, daß diese Stützsuspension in Verbindung mit Bestandteilen des im Aushubvorgang eingemischten umgebenden Bodens die geforderten Dicht- und Festigkeitseigenschaften erhält. Man spricht dann von einer Einmassenwand, wenn die Stützsuspension nicht durch eine zweite Masse ersetzt werden muß. Schließlich kann in den Schlitz, der im Schutze der Dichtwandmasse ausgehoben wird, ein weiteres Dichtelement, wie z. B. eine Spundwand oder Kunststoffdichtungsbahn eingestellt werden. Bild 4b zeigt schematisch

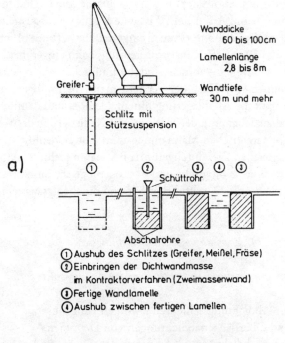

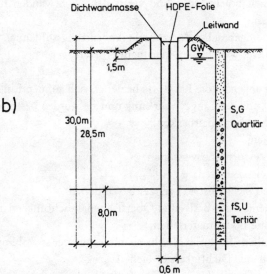

Bild 4: Vertikale Dichtwand
  a) Herstellung einer Schlitzwand
  b) Dichtwand mit eingestellter HDPE-Folie,
     Darstellung eines Baustellengroßversuches

eine vertikale Kombinationsdichtung: mineralische Dichtwand mit eingestellter HDPE-Dichtungsbahn. Auf Tafel IV ist eine Schlitzwandbaustelle zu sehen, wo eine dreifache Stahlspundbohle (Foto a) eingestellt bzw. (Foto b) eine dreibahnige, 4,50 m breite und 30 m tiefe Kunststoffdichtungsbahn eingeführt wird.

Als weitere *in situ*-Maßnahmen sind hydraulische und pneumatische Maßnahmen zu nennen [18]. Darunter versteht man Absenkungen, um die Grundwasserströmung in die Altablagerung hineinzulenken und damit gleichzeitig das Sickerwasser abzuziehen, mit der Wirkung der Reduzierung des Schadstoffpotentials. Bei den pneumatischen Maßnahmen wird eine Bodenluft-Absaugung praktisch mit dem gleichen Ziel durchgeführt. Bei diesen technischen Möglichkeiten spielt naturgemäß die geologische und hydrogeologische Situation eine ganz entscheidende Rolle für die Durchführbarkeit und die Erfolgsaussichten.

4. Zwei ausgewählte Forschungsschwerpunkte

4.1 Schadstofftransport durch mineralische Abdichtungsschichten

Mineralische Abdichtungsschichten kommen zum Einsatz
- bei Basis- und Oberflächenabdichtungen von Deponien,
- bei Oberflächenabdichtungen und vertikalen Dichtwänden für Einkapselungen von Altlasten.

Nachträglich eingebrachte horizontale Abdichtungssohlen, an deren Entwicklung z. Z. gearbeitet wird, sollen hier nicht erörtert werden.

Die Anforderungen an die Baustoffe beziehen sich auf den Einbauzustand, den Betriebszustand und die Langzeitwirkung und sie werden bestimmt durch
- Herstellung und Verarbeitbarkeit,
- Einbaukriterien,
- Spannungs-/Verformungsverhalten,
- Durchlässigkeitsverhalten,
- chemische und mechanische Langzeitbeständigkeit.

Die Komponenten der Basis- und Oberflächenabdichtungen sind
- natürlich dichte Bodenmaterialien,
- Bodenmaterialien, die durch Mischung untereinander sowohl mit als auch ohne Zusätze ausreichende Dichtigkeit erreichen,
- Bodenmaterialien, die durch Zusätze (z. B. Bentonit) ihre ausreichend abdichtende Wirkung erzielen,
- plastische Tonbetone unter Verwendung von Kies-Sand-Gemischen mit Schluff- und Tonmehlzusätzen.

Für Dichtwandmassen in vertikalen Dichtwänden sind folgende Komponenten zu nennen:
- Bentonit (Na- oder Ca-Bentonit),
- hydraulische Bindemittel,
- mineralische Füllstoffe,
- Wasser,
- Zusatzmittel.

Tabelle 2: Eignungsprüfungen, nach [3]

Untersuchungsbereich	Parameter	Verfahren
Bodenphysikalische Klassifizierung	Korngrößenverteilung Konsistenzgrenzen Glühverlust, Kalkgehalt Korndichte, Wasseraufnahmevermögen	DIN 18 123, DIN 18 122 DIN 18 128, DIN 18 129 DIN 18 124, Enslin/Neff DIN 18 121, DIN 18 125
Veränderung bodenphysikalischer Kennwerte	Mobilisierung des Bindemittelanteils durch Sickerwässer, Einfluß der Sickerwässer auf Quellvermögen, Beeinträchtigung der Plastizität	Mineralogische, geochemische und bodenphysikalische Standardverfahren
Einbaukriterien	Einbaudichte (Verdichtungsgrad), Einbauwassergehalt, Durchlässigkeit Homogenität, Auswahl der Gerätekombination, Anzahl der Verdichtungsübergänge	DIN 18 127, DIN 18 130 Probeschüttungen (Versuchsfelder in situ)
Spannungs-Verformungsverhalten	Setzungsverhalten, Quelleigenschaften, Scherparameter, Standsicherheit	Kompressionsversuch, Quellversuch Triaxialversuch, Kastenscherversuch
Durchlässigkeitsbeiwert	Durchlässigkeit bei konstantem hydraulischen Gefälle (i = 30, isotroper Spannungszustand ohne back pressure)	DIN 18 130

Tabelle 3: Eignungsprüfungen an Dichtwandmassen für Einkapselungen von Altlasten, nach [3] (BZS = Bentonit-Zement-Suspension)

Untersuchungs-bereich	Kennwert	Verfahren
Herstellung, Auswahl der Bentonite, Auswahl der Zemente	Dichte, Auslaufzeit, Filtratwasserabgabe, Fließgrenze	Bestimmung der Meß-werte direkt nach der Herstellung und 1 h später an un-bewegten BZS
Verarbeitung, Einfluß der Bentonite, Einfluß der Zemente	Auslaufzeit, Filtratwasserabgabe, Fließgrenze, Druckfestigkeit	Rührversuch Bestimmung der Meß-werte direkt nach der Herstellung und alle 2 h bis zur Dauer der Aushubzeit mind. 8 h an bewegten BZS
Einbaukriterien bei Herstellung in kontaminierten Wässern und Böden	Auslaufzeit, Filtratwasserabgabe, Fließgrenze, Dekantation, Erstarrung	Herstellung der BZS mit 10% Sickerwasser und 90% Leitungswasser, Erstarrung unter Sickerwasser und Leitungswasser
Erstarrung	Nadeleindringverhalten, Scherfestigkeit	an unter Wasser gelagerten Proben
Spannung, Festigkeit, Spannungs-Verformungs-Verhalten	einaxiale Druck-festigkeit	an unter Wasser gelagerten Proben nach 14, 28 und 56 d
Erosionsverhalten	einaxiale Druckfestigkeit, Durchlässigkeitsbeiwert, hydraulisches Gefälle, Ausspülrate an Calcium	Durchströmung der Proben mit weichem Wasser oder Grund-wasser mind. 90 d vorzugsweise 180 d
Durchlässigkeits-prüfung	Durchlässigkeitsbeiwert	Durchlässigkeit bei konstantem hydrau-lischen Gefälle ($i = 30$) isotroper Spannungs-zustand ohne back pressure mit organischen Prüfflüssigkeiten üblich 90 d

Nach den GDA-Empfehlungen (*G*eotechnik der *D*eponien und *A*ltlasten) [3] sind die Eignungsprüfungen entsprechend der Zusammenstellung von Tabelle 2 durchzuführen. Für die Eignungsprüfungen an Dichtwandmassen für vertikale Dichtwände gilt, ebenfalls nach [3], die Tabelle 3. Besonderer Wert wird hierbei auf die eigentliche Abdichtungswirkung gelegt, die mit dem Durchlässigkeitsbeiwert k beziffert werden kann. Entsprechend den GDA-Empfehlungen und unter Bezug auf DIN 18 300 sollen die Durchlässigkeitsbeiwerte vorzugsweise in Triaxialversuchen mit einer Versuchsanordnung entsprechend Bild 5 bestimmt werden. Tafel V zeigt eine Einzelzelle mit Probe vor dem Zusammenbau sowie die Anordnung mehrerer Zellen in einem Speziallabor.

Bei der Auswertung der Durchlässigkeitsversuche stellt sich die Frage, ob die im Versuch ermittelten oder eingestellten Werte wie Filtergeschwindigkeit v und hydraulisches Gefälle i$(= \frac{\Delta h}{l}$, mit Δh = Potentialdifferenz entlang des Weges l)

Bild 5: Versuchsanordnung zum Durchlässigkeitsversuch mit dreiaxialem Drucksystem

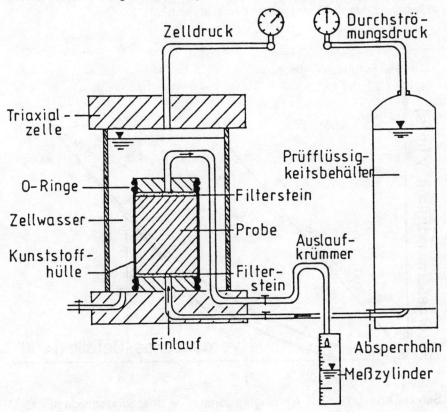

sich linear proportional zueinander verhalten und das Darcy-Gesetz (v = k · i) gilt, oder ob ein nichtlinearer Zusammenhang besteht (Bild 6). Nach den bisher vorliegenden Erkenntnissen dürfte für mineralische Stoffe sehr geringer Durchlässigkeit ein Schwellengradient i_a vorhanden sein, an den sich zum Nullpunkt hin ein strömungsloser Bereich anschließt [19]; bei dem Anfangsgradient i_0 in der Beziehung v = k (i – i_0) handelt es sich nicht um einen realen, sondern nur um einen fiktiven Grenzwert, der sich bei genaueren Untersuchungen nicht eindeutig nachweisen läßt.

Während sich die bisherigen Überlegungen zur Durchlässigkeit ausschließlich auf die Verwendung von Wasser als Prüfflüssigkeit beziehen, gilt für Basisabdichtungen und in der Regel auch für vertikale Dichtwände, daß die Durchlässigkeit und die Resistenz gegen Sickerflüssigkeiten als „Permeanten" nachzuweisen ist. Hierzu wird in der GDA-Empfehlung E 3-1 [3] ausgeführt, daß „die Beurteilung des Durchlässigkeitsverhaltens eines Dichtungsmaterials anhand ausschließlich mit Wasser ermittelter Durchlässigkeitsbeiwerte nicht in allen Fällen ausreichend ist. Es wird daher empfohlen, zusätzlich Durchlässigkeitsversuche mit Deponiesickerwasser oder Prüfflüssigkeiten durchzuführen".

Bild 6: Mögliche Formen des Fließgesetzes

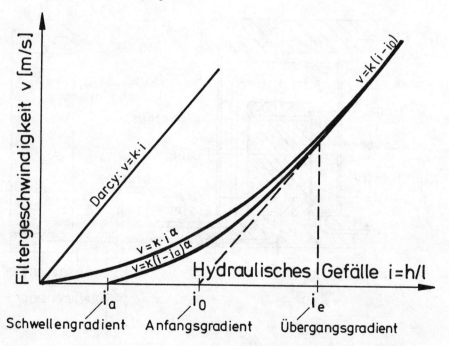

Hinsichtlich der Resistenz von verschiedenen Abdichtungsstoffen ist aus kristallchemischen Untersuchungen von KOHLER [20, 21] bekannt, daß über ihre Langzeitstabilität gegenüber Deponiesickerwasser fundierte Aussagen gemacht werden können. Organische Säuren und Basen können zwar die Oberflächen der Tonminerale angreifen, aber die Gitterstruktur bleibt grundsätzlich erhalten. Aus den Reaktionsprodukten können sich künstliche Porenzemente bilden, die dem Mineralsystem eine zusätzliche stabilisierende Wirkung verleihen. Es stellt sich ein Bremseffekt ein, der nach KOHLER bis zum Stillstand der Migrationsbewegung gehen kann. Eine grundsätzliche Bestätigung haben diese Aussagen unlängst durch die Untersuchungsergebnisse von DÜLLMANN [22] an neun Jahre sickerwasserbeaufschlagten mineralischen Abdichtungen erfahren. Es ist zu erwarten, daß sich in der Weiterführung solcher Untersuchungen ein neuer Weg der Beurteilung von Langzeitwirkungen mineralischer Abdichtungen gegenüber Deponiesickerwasser beschreiten läßt, für den die früher überschätzte pauschale Rückhaltewirkung von mineralischen Abdichtungen eindeutig als unrichtig erkannt wird, sich aber die positive Langzeitwirkung in der Reaktion von Sickerwasser mit Tonmineralen in einer technischen und in einer geologischen Barriere nachweisen und sicher prognostizieren läßt.

Ein erster wichtiger Schritt in diese Richtung ist die Einführung der allgemeinen Transportgleichung zur Vorausberechnung des Schadstofftransportes durch eine mineralische Abdichtung, wobei die maßgebenden Stoffparameter nicht theoretisch abgeleitet, sondern in einem in meinem Institut entwickelten Laborversuch bestimmt werden.

Die Transportgleichung kann nach VAN GENUCHTEN et al. [23] wie folgt aufgeschrieben werden:

$$\frac{\delta c}{\delta t} = \overset{\text{Diffusion}}{D_0 \frac{\delta^2 c}{\delta x^2}} - \overset{\text{Konvektion}}{V_0 \frac{\delta c}{\delta x}} - \overset{\text{Sorption}}{\frac{\varrho}{\theta} \frac{\delta s}{\delta t}}$$

D_0: Diffusionskoeffizient [cm^2/s], V_0: Durchschnittl. Porenwassergeschwindigkeit [cm/s], ϱ: Raumdichte [g/cm^3], θ: Porenanteil [–], x: Transportweg [cm], t: Zeit [s], s: Sorbierte Konzentration, c: Konzentration der Lösung.

Der erste Term beschreibt den Stofftransport infolge molekularer Diffusion, die von dem Diffusionskoeffizienten und dem Konzentrationsunterschied bestimmt wird. Dieser diffusive Transport fällt bereits bei Durchlässigkeitskoeffizienten von 10^{-8} bis 10^{-9} m/s ins Gewicht, wie sich in Vergleichsrechnungen nachweisen läßt. Der zweite Term bezieht sich auf den konvektiven Stofftransport, hinter dem sich das Darcy-Gesetz verbirgt. Dies bedeutet, daß hier der Schadstofftransport direkt an die Sickerwasserströmung gekoppelt ist. Der Sorptionsterm schließlich beinhaltet erhebliches Rückhaltevermögen, das aus der Wechselwirkung zwischen Schadstoff- und Mineralstoffoberfläche resultiert.

Bei der Konvektion handelt es sich um einen physikalischen Vorgang. Dieser Strömungsvorgang infolge Druckgradient ist bisher fast ausschließlich behandelt worden. Der übliche Durchlässigkeitsversuch bezieht sich allein auf den konvektiven Flüssigkeitstransport. Man hat bisher in erster Annäherung an eine Lösung dieses Stofftransportproblems, wie in der GDA-Empfehlung E 3-1 [3] erläutert, den Durchlässigkeitsversuch mit Prüfflüssigkeiten empfohlen und das Ergebnis in einem auf diese Prüfflüssigkeit bezogenen Durchlässigkeitsbeiwert zusammengefaßt, ohne den diffusiven und sorptiven Anteil zu betrachten, obwohl Diffusion und Sorption auch bei den Durchlässigkeitsversuchen grundsätzlich stattfinden. Als wichtigen Schritt in eine differenziertere Betrachtung ist die Arbeit von DRESCHER [24] zu werten, der nachweist, daß bei einem bestimmten Durchlässigkeitsbeiwert der diffusive Schadstofftransport den konvektiven überwiegt. Zu beachten ist bei dem diffusiven Schadstofftransport, daß der Konzentrationsunterschied des entsprechenden Stoffes den Molekularstofftransport bestimmt.

Wie Bild 7 zeigt, ist die Diffusionskonstante für verschiedene mineralische und andere Stoffe gegenüber NaCl-Lösung deutlich von der Porosität abhängig. Wenn

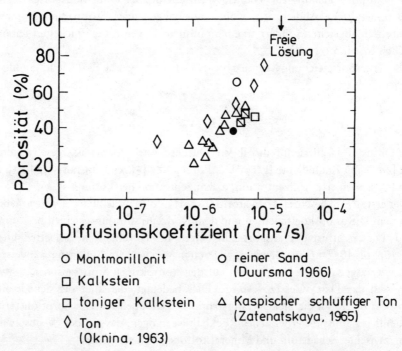

Bild 7: Abhängigkeit des Diffusionskoeffizienten von der Porosität unkonsolidierter Sedimente [23]

die Porosität bis auf etwa 15% reduziert werden könnte, würde sich gegenüber einer für Ton geschätzten Porosität von etwa 40% eine Reduzierung um etwa eine Zehnerpotenz ergeben.

Bei stationärer Diffusion ist der Konzentrationsgradient dc/dx, d. h. das Konzentrationsgefälle über eine Wegstrecke konstant und mit

$$J = D \cdot dc/dx \cdot A$$

auch die sog. „Stofftransportrate J" (A = Fläche). Für eine analytische Betrachtung wird derzeit noch diese stationäre Diffusion betrachtet, während mindestens zu Beginn der Belastung einer Deponiebasisabdichtung mit Deponiesickerwasser die instationäre Diffusion stattfindet, bei der der Konzentrationsgradient über die Zeit und die Strecke veränderlich ist. Entsprechend der allgemeinen Transportgleichung ist aber noch die Wechselwirkung der Diffusionsströme mit der Porenwandung zu berücksichtigen. Diese Wechselwirkung zeigt sich in einem Rückhalteeffekt infolge Sorption bzw. Desorption und ist über den tonmineralogischen und organischen Anteil des mineralischen Abdichtungsmaterials steuerbar.

Zur Erläuterung des Sorptions- und Desorptionsverhaltens wurden von WIENBERG [25] zahlreiche Experimente durchgeführt. Die Ergebnisse dieser Versuche können grundsätzlich durch das empirische Freundlich-Isotherm beschrieben werden:

$$q_e = K_f \cdot c_e^{1/n}$$

Darin bedeuten q_e: sorbierte Konzentration, c_e: Konzentration des Stoffes in der Lösung, K_f und n: empirische Konstanten.

In vielen Fällen ist der Ausdruck 1/n etwa gleich 1, so daß die Isotherme in die Form übergeht

$$q_e = K_p \cdot c_e$$

K_p: Anlagerungskoeffizient.

Diese Gleichung beschreibt die lineare Sorption. Die entsprechenden Werte für K_p nach den Versuchen von WIENBERG sind in Tabelle 4 wiedergegeben.

Mit der Einwirkung insbesondere organischer Bestandteile im Sickerwasser auf Tondichtungen befaßte sich WEISS [26] in einer soeben erschienenen Arbeit. Er kommt bei seinen Betrachtungen zu dem Ergebnis, daß „es sinnvoll erscheint, die stützende Tonschicht mehrlagig auszubilden. Ideal wäre eine unterste Schicht, die aus hochgequollenem Natriumbentonit hergestellt wird. ... Zum Schutz gegen die organischen Produkte aus der Deponie soll als oberste Schicht ein partiell organophilierter Bentonit eingesetzt werden". Mit diesen Betrachtungen ist ein Weg aufgezeigt, der in einem differenzierten und optimierten Aufbau einer mineralischen

Tabelle 4: Verteilungskoeffizienten für HCB (Hexa-Chlor-Benzol), Parathion und Toluol an verschiedenen Böden und Gemischen (n.l. bedeutet keine lineare Adsorption) [25]

Sorbens	Sorbens conc. [g/l]	HCB K_P min	HCB K_P max	HCB K_P	± s	Sorbens conc. [g/l]	Parathion K_P min	Parathion K_P max	Parathion K_P	± s	Sorbens conc. [g/l]	Toluene K_P min	Toluene K_P max	Toluene K_P	± s
Quartz	1000	1.2	4.3	2.8	± 0.6	40	0.23	1.5	0.74	± 0.44	250		no sorption		
Quartz+1% Na-Aluminate	40	2.7	8.5	4.4	± 1.8	40	<0	0.9	0.35	± 0.37	40		no sorption		
Quartz+1% DYNAGROUT T	40	2.8	6.2	4.2	± 1.1	40		no sorption			40		no sorption		
Quartz+1% DYNAGROUT SP	40	63	96	73	± 10	40	0.4	5.3	2.7	±1.7	40		no sorption		
Ground Slate	2,5	5200	12500	n.l.		4	34	124	n.l		125	0.5	96	n.l.	
Fly Ash	4	6150	15890	n.l.		40	3.7	17.3	n.l.		50	1.4	10.8	n.l.	
Cement (HOZ 35)	40	24	35	29.3	± 4.1	40	0.07	0.50	n.l.		80		no sorption		
Na-Bentonite	25	47	350	132	± 70	40	4	18	12.0	± 3.6					
Ca-Bentonite	25	61	79	67.8	± 5.3	40	13	17	14.3	± 1.4	80	0.1	2.6	n.l.	
Clay „White"	25	50	114	88.3	± 17.9	40	2.0	3.4	2.6	± 0.5	50	0.4	1.4	0.8	± 0.4
Clay „Green"	40	1060	1640	1320	± 150	40	42	65	48.0	± 8.0	50		no sorption		
Clay „Blue"	40	860	1130	990	± 80	40	35	24	27.0	± 5.0	50	2.6	3.8	3.0	± 0.5
Formulation DW 2	40	1040	2410	1750	± 530	40	10	76	n.l.	±	200	0.5	2.4	n.l.	
Formulation DW 4	40	26	64	n.l.							200	0.2	0.38	0.27	± 0.06
Formulation DW 11	4	830	2480	n.l.		40	14	224	n.l.		40	0.56	4.04	n.l.	
Formulation DW 13	40	412	736	n.l.		40	2	21	n.l.		200	0.2	0.8	0.5	± 0.23
Formulation DW 22	4	760	1040	940	± 100	40	13	59	n.l.		200	1.4	3.6	2.2	± 0.8
Formulation DW 23	4	904	1574	1248	± 241										
Formulation DN 05A	4	47	70	55	± 7	40	1.4	3.9	2.8	± 0.9	200	0.2	0.5	0.3	± 0.1

Abdichtungsschicht besteht. Insbesondere wird gezeigt, daß in den bisherigen Überlegungen zu dem entsprechenden Abschnitt der TA Abfall [27] bereits qualitativ vorgezeichnet ist, daß für die Basisabdichtung ein bestimmter Anteil an Tonmineralen mit hohem Sorptionsvermögen gefordert wird und gleichzeitig über die Dicke der mineralischen Dichtungsschicht eine bestimmt Sorptionskapazität verlangt wird, zu deren quantitativer Festlegung unsere Untersuchungen beitragen sollen.

4.2 Risikoanalyse für Deponieabdichtungen

Wie eingangs erwähnt, gehört eine formale Risikoanalyse für Deponiebauwerke und Altlastensanierung noch nicht zum Stand der Technik, obwohl oder weil hier so viele schwer abschätzbare Unwägbarkeiten miteinander zu verknüpfen sind. Hier ist an die Mannigfaltigkeit der in Deponien ablaufenden Prozesse und der sich daraus ergebenden Reaktionsprodukte, aber auch an nicht vermeidbare Unzulänglichkeiten in Planung und Durchführung entsprechender Maßnahmen zu denken. Zusätzlich sind nicht beeinflußbare Einwirkungen wie z. B. klimatische Ereignisse zu berücksichtigen. Wenn man sich diese Zusammenhänge vor Augen führt, erkennt man die Notwendigkeit einer systematischen Analyse der Zuverlässigkeit des Systems und der Wahrscheinlichkeit des Versagens von Komponenten oder von der Gesamtanlage in Verbindung mit den sich daraus ergebenden möglichen Schadenskonsequenzen. Diese Notwendigkeit gilt sowohl für die Deponietechnik als auch für die Altlastensanierung, doch soll nachfolgend in einem ersten Ansatz allein auf die Risikoanalyse für Deponieabdichtungen eingegangen werden [28].

Es ist naheliegend, daß man in einem Literaturstudium die auf andere Fragestellungen bezogenen Methoden der Risikoanalyse auf ihre Übertragbarkeit auf die Deponieabdichtungen abfragt. Methodisch ergiebig ist hier besonders die deutsche „Risikostudie Kernkraftwerke" [29], aber man erkennt bald, daß bei einer Risikoanalyse für Deponieabdichtungen grundsätzlich neue Wege beschritten werden müssen. So gilt z. B. für Kernkraftwerke, daß hinsichtlich der Baustoffe, der bautechnischen Strukturen und der maschinenbaulichen Systeme statistisch gesicherte Zahlenwerte vorliegen und die Verfolgung von Schadstoffmengen bis zum Austritt möglich ist.

Die beiden einzigen auf die Risikoanalyse für Abfalldeponien bezogenen Arbeiten [30] und [31] gehen nur in allgemeiner Form auf diejenigen Bestandteile ein, die einer Sicherheitsuntersuchung im Deponiebereich zugrundeliegen. So wird zwar auf die Möglichkeit von Fehlerbaum und Sensitivitätsuntersuchung hingewiesen, aber übertragbare Angaben zu einer konsequenten und zahlenmäßig belegten Bewertung sowohl von Ausfallwahrscheinlichkeit einzelner Komponenten als auch eines gesamten Deponiesystems fehlen, die als Grundlage für eine Sensitivitäts- und Schwachstellenanalyse benötigt werden. Bei DÖRHÖFER [32] findet sich nur ein allgemeines Ablaufschema einer Risikoanalyse, aber es fehlen in die Praxis umsetzbare Angaben.

Eine Risikoanalyse, wie sie hier eingeführt werden soll, beinhaltet mehrere Bearbeitungsschritte mit folgenden Teilaufgaben:
- Definition der Ziele des Systems,
- Festlegung des Systems (Aufbau, Systemkomponenten, Funktion),
- Ausfalleffektanalyse zur Erkennung möglicher Ausfallursachen,
- Versagensdefinition und Ermittlung von Wahrscheinlichkeiten für die einzelnen Ausfallursachen,
- Fehlerbaumanalyse,
- Störfallanalyse aufgrund des Eintretens äußerer unplanmäßiger Schadensquellen,
- Sensitivitätsanalyse als eine Parameterstudie zur Erkennung der Bedeutung einzelner Komponenten und Elemente,
- Vergleich und Interpretation der Ergebnisse,
- Erarbeitung eines Schadensbemessungskonzeptes, um das Risiko (= Schaden × Auftretenswahrscheinlichkeit) bestimmen zu können.

Bei der Zieldefinition für eine Deponie ist davon auszugehen, daß in der Deponie Abfälle so abzulagern sind, daß die Umwelt vor diesem Schadstoffpotential geschützt wird; Undichtigkeiten in den Abdichtungssystemen sind zu vermeiden, so daß Schadstoffe weder in den Boden noch in das Grundwasser noch in die Luft entweichen können. Bei der Realisierung wird man jedoch feststellen, daß diese ideale Zielvorstellung nicht absolut erreicht werden kann. Es ist nun die Frage, welche Schadstoffaustrittrate für unterschiedliche Stoffe in Abhängigkeit von der mittelbaren oder unmittelbaren Einwirkung auf den Menschen toleriert werden kann. In diesem Sinne könnten schon die Festlegungen in [1] und [4] verstanden werden, wo angestrebt ist, für die Zieldefinition allgemein verbindliche Festlegungen zu treffen.

In einer Systemanalyse erfolgt eine möglichst vollständige Beschreibung des Systems, dessen Komponenten einschließlich ihrer Funktion sowie der Beziehung der Komponenten untereinander. Auch werden bei technischen Systemen verschiedene Betriebsphasen gesondert untersucht; auf Deponieabdichtungen bezogen kann man die Betriebsphase und die Nachbetriebsphase voneinander unterscheiden. Entsprechend Bild 8 gehören zur Systembeschreibung auch Angaben über Umgebung, Ein- und Ausgänge sowie sonstige Störeinflüsse. Auf Deponien bezogen dürfte sich hierfür eine Systembeschreibung anbieten, wie sie in den sechs vom Landesamt für Wasser und Abfall NRW eingeführten Deponieklassen bereits vorliegt [4]. In diesem Vorschlag orientiert sich die Einteilung in die

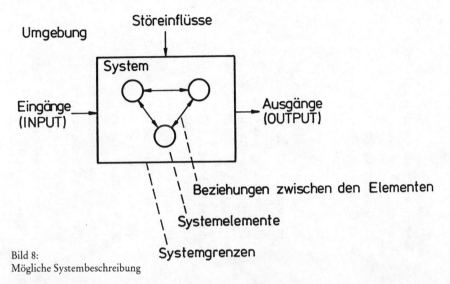

Bild 8:
Mögliche Systembeschreibung

Deponieklassen an bestimmten, maximal zugelassenen Schadstoffkonzentrationen im Eluat und an wasserwirtschaftlichen Standortmerkmalen; die Beziehungen zwischen den Systemelementen innerhalb der Deponie bedürfen für das erste keiner besonderen Differenzierung.

Bei der Ausfalleffektanalyse handelt es sich um ein qualitatives Prognoseverfahren, das die Ausfallarten aller Komponenten eines Systems und deren Auswirkungen auf das System systematisch und vollständig erkunden soll. Dabei steht im Vordergrund der Ausfall, d. h. das Versagen einer Komponente des technischen Systems bei planmäßigem Betrieb, wobei dieser Ausfall durch verschiedene Fehler bei der Erkundung, Planung oder Herstellung begründet bzw. sich aus dem Langzeitversagen ergeben kann. Ausfallkombinationen hingegen werden in der Fehlerbaumanalyse untersucht, die auf der in DIN 25 448 bereits formalisierten Ausfalleffektanalyse aufbaut. Die Beschreibung der Systemkomponenten für Deponieabdichtungen läßt sich noch leicht durchführen, wobei in allgemeiner Form die auf Tafel VI angegebene Aufteilung gewählt wird. Bei Festlegungen zur Ausfallursache, Ausfallerkennung, vorhandenen Gegenmaßnahmen und Auswirkung auf System und Umgebung stellt es kein Problem dar, entsprechende Auflistungen vorzunehmen, wenn man sich auf Richt- und Grenzwerte aus vorhandenen Regelwerten bezieht. Doch es liegt ein erheblicher Forschungsbedarf vor, um eine in sich geschlossene Systembeschreibung mit Berücksichtigung der genannten Parameter vorlegen zu können.

Bevor die Fehlerbaumanalyse durchgeführt werden kann, sind Versagensdefinitionen für die einzelnen Abdichtungskomponenten und die Ermittlung von Wahrscheinlichkeiten für die Ausfallursachen erforderlich. Hierbei ist das Versa-

Tabelle 5: Anforderungen an die Deponiekomponenten

Komponenten	Funktion	Eine einwandfreie Ausführung würde bewirken, daß:
Schutz- und Rekultivierungsschicht	– Schutz der Dränage vor äußerer Zerstörung – Begrünung	– Begrünung möglich ist – die Dränage langfristig nicht durch äußere mechanische Beanspruchung beschädigt wird
Geotextil	Schutz der Dränage vor Zusetzung und Verstopfung	die Dränage ihren Durchlässigkeitsbeiwert von $k > 10^{-3}$ m/s beibehält
Dränschicht Dränmatte	sofortiges Abführen von anfallendem Wasser, um die Belastung des Abdichtungssystems zu minimieren	der Durchlässigkeitsbeiwert von $k > 10^{-3}$ m/s erfüllt ist
Entwässerungsrohre	sofortiger Abtransport von schadstoffangereicherten Sickerwässern	der gesamte von der Dränschicht eingeleitete Sickerwasseranteil im Sammler abgegeben wird
Kunststoffdichtungsbahn	Verhinderung von Wasserdurchtritt	keinerlei Fehlstellen vorhanden sind, die einen Strömungsvorgang durch die KDB hindurchzulassen
mineralische Abdichtungsschicht	Bremseffekt bezüglich der Transportvorgänge der Schadstoffe	die mineralische Schicht überall den Durchlässigkeitsbeiwert von $k < 5 \times 10^{-10}$ m/s erreicht
Untergrund	Verzögerung und Verringerung des Schadstoffaustritts in den Naturkreislauf	je nach Deponieklasse der k-Wert eingehalten wird

gen grundsätzlich mit dem Nichterfüllen einer Anforderung an eine Funktion der Komponente oder des Systems verbunden. Bei einem Deponiesystem hat jede Komponente des Aufbaus eine Funktion zu erfüllen, die einen Anteil an dem gesamten Multibarrierenkonzept darstellt. Ein Ausfall einer solchen Komponente erhöht die Wahrscheinlichkeit des Schadens am Gesamtsystem. Dieses Schadensereignis kann z.B. definiert werden als „Kontamination des Grundwassers und des Untergrundes". Die Anforderungen an die einzelnen Komponenten sind in Tabelle 5 dargestellt. Hinsichtlich des Versagens ist nicht einfach eine Ja/Nein-Antwort zu geben, sondern es sind differenziertere Betrachtungen anzustellen, die sich aus dem Aufbau von Abdichtungsschichten, und zwar dem mehrlagigen Aufbau der mineralischen Abdichtungsschicht und darüber hinaus bei Kombinationsdichtungen dem Zusammenwirken zwischen Kunststoffdichtungsbahn und mineralischer Abdichtung ergeben. Dabei macht eine Definition des bei der Kombinationsdichtung angestrebten Preßverbundes sowie die Erfassung des räumlichen Effektes, der sich aus den möglichen Fehlstellen in sich überlappenden Schichten ergibt, besondere Schwierigkeiten. Ein Vorschlag für die mögliche Anordnung von Fehlstellen ist in Bild 9 enthalten. In vereinfachter Darstellung

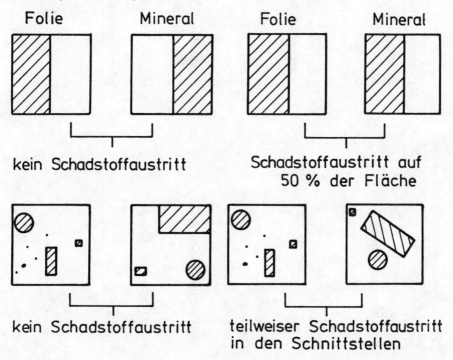

Bild 9: Mögliche Anordnung von Fehlstellen bei Kombinationsdichtungen

Tabelle 6: Versagensdefinition der Komponenten

Komponenten	Als Versagen wird definiert:
Schutz- und Rekultivierungsschicht	– Durch geringe Dicke und Festigkeit kein mechanischer Schutz der Dränschicht gewährleistet
	– pflanzliche Rekultivierung nicht durchführbar
Geotextil	– großflächige Einschwemmung von Bodenpartikeln der Schutzschicht und somit Verringerung des k-Werts der Dränschicht
Dränschicht Dränmatte Entwässerungsrohre	– kein ausreichend schneller Abtransport der anfallenden Wassermenge → Wasseraufstau über Dicke der Dränschicht hinaus
Kunststoffdichtungsbahn	– durchschnittlicher Prozentsatz geschädigter zur vorhandenen Folie größer als Y ‰
mineralische Abdichtung	– mittlere Durchflußmenge größer als $X \frac{m^3}{m^2}$ pro Jahr
Untergrund	– geforderter k-Wert für jeweilige Deponieklasse nicht erreicht

kann die in Tabelle 6 angegebene Versagensdefinition der Komponenten der Deponieabdichtung weiteren Überlegungen zugrundegelegt werden. Hierin ist für die mineralische Abdichtungsschicht der Durchflußgrenzwert X [m^3/m^2] definiert, der sich aus dem Produkt des zu erreichenden Durchlässigkeitsbeiwertes k (z. B. $5 \cdot 10^{-10}$ m/s) mit dem Wasserspiegelgefälle i und einer Einstaufläche A [m^2] ergibt. Das Wasserspiegelgefälle i bezieht sich z. B. auf Einstau in Höhe der Dränschicht. Für die Kunststoffdichtungsbahn muß der Schädigungsgrenzwert Y definiert werden und er wird in einem ersten Vorschlag als das Auftreten einer fehlerhaften Stelle von 1 cm^2 Fläche pro m^2 Kunststoffdichtungsbahn definiert.

Der Fehlerbaum in der Fehlberbaumanalyse ist die grafische Darstellung der logischen Zusammenhänge zwischen Komponenten und Elementen eines Systems in bezug auf den unerwünschten Ausgangszustand, das „Top-Ereignis". Das Ziel ist, eine möglichst vollständige und systematische Identifizierung aller Ausfallkombinationen mit Ermittlung der Eintrittswahrscheinlichkeit der Ausfallkombinationen sowie der Eintrittswahrscheinlichkeit des unerwünschten Ereignisses. Gemäß DIN 25 424 wird unterschieden:
- Primärausfall: Ausfall einer Komponente unter zulässigen Einsatzbedingungen,
- Sekundärausfall: Ausfall bei unzulässigen Einsatzbedingungen einer Komponente,
- Kommandierter Ausfall: Ausfall infolge einer falschen Anregung oder eines Ausfalls einer Hilfsquelle.

Häufig verwendete Fehlerbaumsymbole sind in Bild 10 dargestellt. Im Anhang ist ein vollständiger Fehlerbaum, wie er heute ermittelt werden kann, für die Abdichtungen bzw. für die einzelnen Barrieren einer Abfalldeponie dargestellt, wobei die erste Seite das Skelett des Fehlerbaums darstellt. Die Teilfehlerbäume für die Einzelkomponenten (auf der ersten Seite in einem Dreiecksausgang endend) werden auf den folgenden Seiten wiedergegeben. Sämtliche Verzweigungen enden schließlich in dem „Standardeingang für einen Primärausfall", durch ein Kreissymbol dargestellt. Hierfür sind die Auftretenswahrscheinlichkeiten der einzelnen Ausfallursachen abzuschätzen.

Es wird vorgeschlagen, die einzelnen Ausfallursachen in Gruppen einzuteilen, die dann jeweils ein bestimmtes Versagensintervall besitzen. Für diese Gruppeneinteilung kann weiterhin zwischen menschlichem und technischem Versagen bzw. Versagen infolge naturbedingter Ereignisse unterschieden werden; weiterhin wird zwischen punktuellen, flächenhaften und gesamtflächigen Ausfällen eine unterschiedliche Bewertung festgelegt. Die in der Tabelle 7 ausgegebenen Bewertungen sind noch nicht genügend abgesichert, aber sie können als Diskussionsvorschlag dienen. Eine Versagensgruppe III bezieht sich auf Ausfallursachen, die sich aus der Langzeitwirkung ergeben und für die derzeit noch keine Ausfallwahrscheinlichkeiten zahlenmäßig festgelegt werden können; hier liegt ebenfalls weiterer Forschungsbedarf vor.

Bedeutung	Symbol
Standardeingang für einen Primärausfall	○
Logische NICHT-Verknüpfung. Trifft E zu, so trifft A nicht zu und umgekehrt.	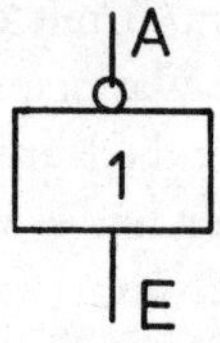 A, 1, E
ODER-Gatter. A ist erfüllt, wenn entweder E_1 oder E_2 oder beide zutreffen (logische Vereinigung)	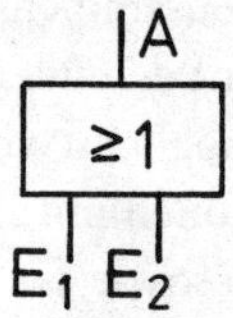 A, ≥1, E_1 E_2
UND-Gatter. A ist nur erfüllt, wenn E_1 und E_2 gleichzeitig zutreffen. (logischer Durchschnitt)	A, &, E_1 E_2
Kommentar	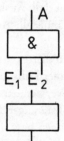
Übertragungseingang und -ausgang. Das Bildzeichen wird benutzt, wenn ein Fehlerbaum an einer Stelle abgebrochen und an einer Stelle fortgesetzt wird.	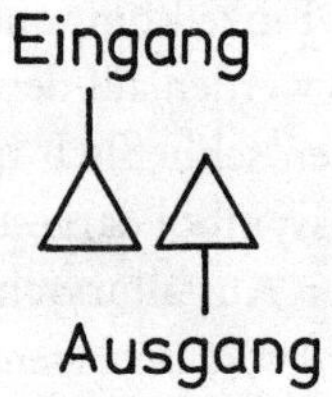 Eingang △ △ Ausgang
Sekundäreingang. (Ausfall als Folge eines vorangehenden anderen Ausfalls)	

Bild 10: Häufig verwendete Fehlerbaumsymbole

Tabelle 7: Versagensdefinitionen

Gruppe I:

Ausfallursachen, die beim Auftreten auch die Gefahr des gesamtflächigen Versagens mit sich führen.
Dabei ist zu unterscheiden:

Ia) **Menschliches Versagen,** auch im planerischen Vorfeld
  pkt.: 0,1 – 0,5 %   flächenh.: 0,1 – 0,5 %   gesfl.: 0,1 – 0,2 %

Ib) **Versagensfälle** infolge naturbedingter Ereignisse; vom Menschen kaum vorhersehbar und auch kaum vermeidbar.
  Hier werden drei Gruppen mit unterschiedlicher Auftretenswahrscheinlichkeit unterschieden:

Ib1) pkt.: 1 – 5 %   flächenh.: 1 – 2 %   gesfl.: 0,1 – 0,5 %

Ib2) pkt.: 5 – 10 %   flächenh.: 2 – 5 %   gesfl.: 0,5 – 1 %

Ib3) pkt.: –   flächenh.: –   gesfl.: 1 – 3 %

Gruppe II:

Ausfallursachen, deren Auswirkung auf ein gesamtflächiges Versagen sehr gering sind, deren punktuelles Auftreten jedoch meist nicht auszuschließen ist:

IIa) **Menschliches und technisches Versagen** mit drei verschiedenen Wahrscheinlichkeiten

IIa1) pkt.: 1 – 5 %   flächenh.: 0,1 – 1 %   gesfl.: 0,1 %

IIa2) pkt.: 5 – 10 %   flächenh.: 1 – 2 %   gesfl.: 0,1 %

IIa3) pkt.: –   flächenh.: –   gesfl.: 1 – 3 %

IIb) **Versagensfälle** infolge naturbedingter Ereignisse
  pkt.: 10 – 20 %   flächenh.: 1 – 2 %   gesfl.: 0,1 %

In einer Sensitivitätsanalyse soll die Auswirkung für verschiedene Einflußparameter auf die Komponenten- und Systemzuverlässigkeit untersucht werden. Dabei kann die Größe der Versagenswahrscheinlichkeit durch Bestimmung einer unteren und einer oberen Schranke eingegrenzt werden, indem die Einzelwahrscheinlichkeiten der verschiedenen Versagensintervalle variiert werden. Zum anderen sollen hierdurch Schwachstellen des Systems erkannt werden, also Ausfallursachen, die aufgrund ihrer Auswirkung oder Auftretenshäufigkeit eine besondere Gefährdung darstellen. Es ist daher erforderlich, für diese Sensitivitätsanalyse das erforderliche Datenmaterial zu beschaffen, da sonst nur Vergleiche im Rahmen der vorher beschriebenen günstigen oder ungünstigen Ausfallwahrscheinlichkeiten der Komponenten und des Gesamtsystems möglich sind.

Im Gegensatz zu den Risikoanalysen für andere technische Systeme gehen wir davon aus, daß für die Deponieabdichtung auf eine eigene Störfallablaufanalyse verzichtet werden kann, da keine zusätzlichen Informationen zu der durchgeführten Fehlerbaumanalyse zu erwarten sind.

Besondere Bedeutung hat jedoch die Erarbeitung eines Schadensbemessungskonzeptes, das von der Schadensbeurteilung ausgehen muß. Eine solche Schadensbeurteilung geht oftmals von monetären Gesichtspunkten aus, die auch für Deponieabdichtungen nicht unberücksichtigt bleiben dürfen. Eine andere Betrachtungsweise geht von einer subjektiven bzw. intersubjektivierten Beurteilung aus, bei der in Form eines Punktekataloges die umweltrelevanten Auswirkungen von Kontaminationen bewertet werden. Diese Bewertung ließe sich auch in monetäre Betrachtungen überführen, da bei sehr großen Schadensauswirkungen, d. h. bei hoher Punktezahl, auch hohe finanzielle Auswirkungen zu erwarten sind.

Mit den Ausführungen dieses Kapitels sollte eine Arbeitsweise vorgestellt und in die Deponietechnik eingeführt werden, die auf anderen technischen Gebieten bereits zum „Handwerkszeug" insbesondere des planenden Ingenieurs gehört. Auch wenn das Ergebnis dieser Risikoanalyse keine absolute Aussage zuläßt und der sich ergebende Zahlenwert einer sachgerechten Interpretation bedarf, so wird hiermit die Möglichkeit zu einem objektivierten Vergleich von verschiedenen Deponievarianten und Deponiestandorten aufgezeigt. Nach den bisherigen Vorarbeiten stellt sich sehr deutlich heraus, daß weitere Untersuchungen mit folgenden Schwerpunkten durchgeführt werden müssen:
– Erstellung von fundiertem Datenmaterial für die Ausfallwahrscheinlichkeiten,
– Erweiterung des Fehlerbaumkonzeptes von reinen Fließvorgängen auf andere Schadstofftransportvorgänge,
– Einarbeitung des Langzeiteffektes,
– Erstellung eines tragfähigen Schadenskonzeptes.

5. Schlußfolgerungen und Ausblick

1. In meinem Referat habe ich zunächst das Problem der Abfallentsorgung umrissen, damit der Rahmen deutlich wird, in dem die Gesamtthematik der geotechnischen Aufgaben der Deponietechnik und Altlastensanierung zu betrachten ist. Wir haben dabei gesehen, daß trotz Abfallgesetz auch in Zukunft Abfalldeponien benötigt werden, an die jedoch entsprechend der TA Abfall hohe Anforderungen gestellt werden müssen.

2. Mit der Realisierung von deponietechnischen Anlagen und mit der Durchführung von Altlastensanierungen sind umfangreiche und mannigfaltige geotechnische Aufgaben verbunden, d. h. die in der Geotechnik zusammengefaßten geowissenschaftlichen und ingenieurwissenschaftlichen Disziplinen sind herausgefordert:
– In Verbindung mit den Eigenschaften des anstehenden Untergrundes ist durch technische Maßnahmen sicherzustellen, daß kein unzulässiger Schadstoffaustritt in Boden und Grundwasser erfolgt.
– Die Sanierung von Altlasten ist neben dem Einsatz der eigentlichen Sanierungstechniken immer mit anspruchsvollen geotechnischen Maßnahmen verbunden.

3. Es wurde über zwei Forschungsschwerpunkte des Bochumer Grundbauinstitutes berichtet:
– Mineralische Abdichtungsstoffe werden verwendet für Basis- und Oberflächenabdichtungen von Deponien sowie für Einkapselungen von Altlasten. Bei der Weiterentwicklung solcher mineralischer Werkstoffe ist eine Tendenz erkennbar, die in die Richtung der gezielten Aufbereitung optimierter Mischungen geht, um auf diese Weise hohe Dichtigkeit und Schadstoffresistenzen mit einem kontrolliert hergestellten Qualitätsprodukt zu verbinden.
– Es werden erste Ansätze zur Einführung einer rationalen Sicherheitsbetrachtung in die Planung von Abfalldeponien vorgestellt. Dabei konnte deutlich gemacht werden, daß das für andere Ingenieuraufgaben bereits übliche Handwerkszeug der Risikoanalyse auch bei Deponien zur Anwendung kommen kann und für die Beurteilung von Alternativen erhebliche Bedeutung erlangen wird. An dem Einsatz der Risikoanalyse für Altlastensanierungen wird ebenfalls gearbeitet.

4. Als Beispiel für weitergehende Entwicklungstendenzen in unserem Bereich soll auf zwei Entwicklungen hingewiesen werden, die sich einmal auf die Anwendung einer neuartigen Versuchsmethode für deponietechnische Aufgaben und zum anderen auf ein Verfahren zum Handling hochtoxischer Altlasten beziehen.
– Das vielfach postulierte plastische Verformungsvermögen von mineralischen Abdichtungsschichten bei Oberflächen- und Basisabdichtungen ist in dem Sinne zu überprüfen, welche infolge ungleichmäßiger Setzungen auftretende Verformungen schadlos, d. h. ohne Verringerung der Abdichtungswirkung aufgenommen werden können. Für diese Untersuchungen wird die Bochumer Geotechnische Großzentrifuge [33] eingesetzt (Tafel VII a). Der Modellaufbau, bei dem die Verformung durch einen Falltürmechanismus (trap door) eingeprägt wird, ist schematisch in Tafel VII b dargestellt. Tafel VIII a zeigt das unverformte Modell vor Versuchsbeginn und Tafel VIII b (im Flug aufgenommen) das Modell nach einer

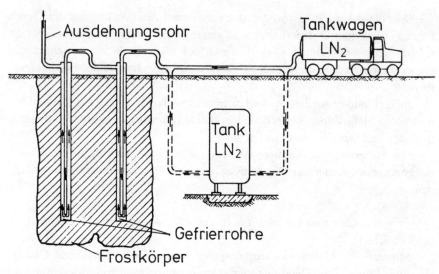

Bild 11: Stickstoffvereisung mit Anwendungsmöglichkeiten bei Altdeponien

Absenkung von etwa 10%, bezogen auf die Falltürbreite. Die dabei aufgetretenen Zerrungen haben zu Rissen in der Tondichtungsschicht und zu erhöhter Durchlässigkeit geführt, die allerdings im Laufe der Zeit durch einen „Heilungsvorgang" wieder vermindert wurde.

– Wenn in einer hochtoxischen Altlast gearbeitet werden muß, stellt sich als Problem neben der Standsicherheit die Schadstoffemission und damit eine mögliche Gefährdung der Arbeiter. Für solche Fälle führt die Vereisungstechnik mit flüssigem Stickstoff (bis – 196°C) zu einer temporären Immobilisierung der Schadstoffe und damit zu einer Verbesserung der Arbeitsbedingungen und der Standsicherheit. Entsprechend Bild 11 wird z.B. eine Frostwand erzeugt, in deren Schutz erforderliche Arbeiten ausgeführt werden können, oder es muß sogar der gesamte kontaminierte Bereich vereist und damit immobilisiert werden. Es wird derzeit ein Forschungsvorhaben vorbereitet, um diese Technologien zur Anwendungsreife zu entwickeln.

5. Obwohl in meinen Ausführungen, die den Versuch einer ersten wissenschaftlichen Aufarbeitung einiger Sachfragen darstellen, nur ein kleiner Teil der Gesamtproblemaik angesprochen werden konnte, ergab sich doch eine Vielfalt der zu bearbeitenden Fragestellungen, zu deren Beantwortung interdisziplinär zusammengearbeitet werden muß. Auf der einen Seite wurde klar, daß für viele Bereiche brauchbare technische Konzepte vorliegen, daß aber auf der anderen Seite noch ein erheblicher Forschungsbedarf besteht. Dieser Forschungsbedarf

liegt vor u. a. in Richtung auf Werkstoffentwicklung für Abdichtungssysteme sowie auf die methodische und inhaltliche Weiterentwicklung der Risikoanalyse. Im Altlastenbereich müßten die Verfahren der Handhabung von hochtoxischem Material verbessert und die grundsätzlich bekannten Sanierungsverfahren für die breite Palette der praktischen Sanierungsfälle einsatzbereit gemacht werden.

6. Schließlich muß realisiert werden, daß es sich hier um eine neue Hochtechnologie – high tech – handelt, an die höchste Anforderungen nicht nur im Hinblick auf die Sicherheit von deponietechnischen Anlagen und die Zuverlässigkeit von Sanierungsverfahren gestellt werden, sondern analog gelten ebenfalls höchste Anforderungen für alle diejenigen praktisch und theoretisch Tätigen, die mit der Durchführung solcher Arbeiten befaßt sind. Diese Anforderungen sind weiterhin auch an die Ausbildung zu stellen, die fachspezifisch auf diese Aufgaben ausgerichtet sein und qualitativ auf entsprechend hohem Niveau stehen muß. Es reicht also nicht, wenn bei der allgemeinen Stellenreduzierung an den Hochschulen des Landes die umweltrelevanten Fächer ausgenommen werden, sondern es ist unabdingbar, daß für diese Fächer qualitativ und kapazitativ Verbesserungen durchgesetzt werden.

Literatur

[1] Rahmenkonzept zur Planung von Sonderabfallentsorgungsanlagen. Minister für Umwelt, Raumordnung und Landwirtschaft des Landes NRW. Düsseldorf (1987)
[2] SUTTER, H.: Wirtschaftliche Aspekte der Vermeidung und Verwertung industrieller Sonderabfälle. Müll + Abfall 19 (1987), Heft 6, Seite 223 ff.
[3] JESSBERGER, H. L. et al.: Empfehlungen des Arbeitskreises „Geotechnik der Deponien und Altlasten" der Deutschen Gesellschaft für Erd- und Grundbau. Die BAUTECHNIK 64 (1987), Heft 9, Seite 289-303, 65 (1988), Heft 9, Seite 289-300
[4] Untersuchung und Beurteilung von Abfällen. Teil 2: Empfehlungen zur Beurteilung der Ergebnisse von Abfalluntersuchungen – Beseitigung von Abfällen durch Ablagerung unter besonderer Berücksichtigung wasserwirtschaftlicher Gegebenheiten –. Landesamt für Wasser und Abfall NRW, Düsseldorf (1987)
[5] Hinweise zur Ermittlung von Altlasten. Minister für Ernährung, Landwirtschaft und Forsten NRW, Düsseldorf (1985)
[6] HACHEN, J.: Erfassung, Untersuchung und Gefährdungsabschätzung von Altlasten. In: JESSBERGER, H. L. (Herausg.) Altlasten und kontaminierte Standorte – Erkundung und Sanierung. Bochum (1985), Seite 16-33
[7] HACHEN, J.: Grundlegende Fragen zur Gefährdungsabschätzung und ihrer Auswirkungen auf die Auswahl des Sanierungsverfahrens. In: JESSBERGER, H. L. (Herausg.) Altlasten und kontaminierte Standorte – Erkundung und Sanierung. Bochum (1988), Seite 11-29
[8] Berliner Bodenschutzprogramm 1985
[9] FRANZIUS, V.: Kontaminierte Standorte in der BR Deutschland. Symposium im BMI, Bonn (1985)
[10] FEHLAU, K.P.: Stand der Altlastenermittlung und -sanierung in Nordrhein-Westfalen. In: JESSBERGER, H. L. (Herausg.) Altlasten und kontaminierte Standorte – Erkundung und Sanierung. Bochum (1987), Seite 83-92
[11] Hinweise zur Ermittlung und Sanierung von Altlasten. 2. Auflage, 1. Teillieferung. Darstellung und Bewertung von Sanierungsverfahren. Minister für Umwelt, Raumordnung und Landwirtschaft NRW, Düsseldorf (1987)
[12] Umwelttechnik – Abfallwirtschaft. Leistungskatalog der Firmen der Deutschen Bauindustrie. Hauptverband der Deutschen Bauindustrie e. V., Wiesbaden (1987)
[13] STIEF, K.: Das Multibarrierenkonzept als Grundlage von Planung, Bau, Betrieb und Nachsorge von Deponien. Müll + Abfall (1986), Seite 15-20
[14] DRESCHER, J. et al.: Deponiedichtungen für Sonderabfalldeponien – Arbeitspapier. Müll + Abfall (1988), Heft 7, S. 281-295, und Heft 8, S. 338-347
[15] AUGUST, H.: Untersuchungen zur Wirksamkeit von Kombinationsdichtungen. In: FEHLAU, K.P., STIEF, K. (Herausg.) Abfallwirtschaft in Forschung und Praxis. Band 16: Fortschritte der Deponietechnik 1986. Berlin: Verlag Erich Schmidt GmbH (1986), Seite 103-122
[16] JESSBERGER, H. L. (Herausg.): Altlasten und kontaminierte Standorte – Erkundung und Sanierung. Bochum (1985, 1986, 1987, 1988) (1989 in Vorbereitung)
[17] BEINE, R. A., KLOS, U.: Entwicklung von Sanierungskonzepten anhand zweier Beispiele. In: JESSBERGER, H. L. (Herausg.) Altlasten und kontaminierte Standorte – Erkundung und Sanierung. Bochum (1985), Seite 105 bis 127
[18] JESSBERGER, H. L.: AKTUELLE SANIERUNGSKONZEPTE. IN: JESSBERGER, H. L. (Herausg.) Altlasten und kontaminierte Standorte – Erkundung und Sanierung. Bochum (1987), Seite 9-39

[19] GABENER, H. G.: Untersuchungen über die Anfangsgradienten und Filtergesetze bei bindigen Böden. Mitteilungen aus dem Fachgebiet Grundbau und Bodenmechanik, Heft 6 (1987). Universität – Gesamthochschule – Essen
[20] KOHLER, E. E.: Möglichkeiten der Beeinträchtigung der Wirksamkeit mineralischer Deponiebasisabdichtungen durch organische Lösungen. In: FEHLAU, K. P., STIEF, K. (Herausg.) Fortschritte der Deponietechnik 1985, Verlag Erich Schmidt GmbH, Berlin (1985), Seite 109–119
[21] KOHLER, E. E.: Untersuchungen zur mineralischen Beständigkeit von mineralischen Dichtungsmaterialien in Deponiebasisabdichtungen. In: FEHLAU, K. P., STIEF, K. (Herausg.) Fortschritte der Deponietechnik 1986, Verlag Erich Schmidt GmbH, Berlin (1986), Seite 75–88
[22] DÜLLMANN, H.: Langzeitverhalten von Deponieabdichtungen – Erfahrungsbericht über die Freilegung von Versuchsfeldern auf der Deponie Geldern-Pont. In: JESSBERGER, H. L. (Herausg.) Neuzeitliche Deponietechnik. Bochum (1987), Seite 43–72
[23] van Genuchten, M.Th., Davidson, J.M., Wierenga, P.J. An evaluation of kinetic and equilibrium movement through porous media. Soil Sci. Soc. Amer. Proc. 38 (1974), Seite 29–35
[24] DRESCHER, J.: Ingenieurgeologische Aspekte bei der Sonderabfallablagerung. 5. Int. Tagung für Ingenieurgeologie Kiel (1985), Seite 57–67
[25] Wienberg, R., Heinze, E., Förstner, U.: Experiments on specific retardation of some organic contaminants by slurry trench materials. In: ASSINK, J. W., VAN DEN BRINK, W. J. (Herausg.) „Contaminated Soil", Martinus Nighoff Publisher, Doordrecht (1985), Seite 849–857
[26] WEISS, A.: Über die Abdichtung von Mülldeponien mit Tonnen unter besonderer Berücksichtigung des Einflußes organischer Bestandteile im Sickerwasser. Mitteilungen des Institutes für Grundbau und Bodenmechanik, ETH Zürich Nr. 133 (1988), Seite 77–90
[27] DRESCHER, J. et al.: Deponiedichtungen für Sonderabfalldeponien – Arbeitspapier. Müll + Abfall, Heft 7 (1988), Seite 281–295 Heft 8 (1988), Seite 338–347
[28] DEMMERT, S.: Risikoanalyse für Deponien. Diplomarbeit, Ruhr-Universität Bochum, Lehrstuhl für Grund und Bodenmechanik (1988), unveröffentlicht
[29] EISENBEIS, J. J., Montgomery, R., SANDERS, T. G.: A risk assessment methodology for hazardous waste landfills. Geotechnical and geohydrological aspects of waste management (1986), Seite 417–426
[30] BAMBERG, S. H., VAN ZYL, D.: Probabilistic risk analysis in waste disposal, Geotechnical and geohydrological aspects of waste management (1986), Seite 417–426
[31] DÖRHÖFER, G.: Geologische Standorttypen für Deponien – ein Ansatz zur Definition der geologischen Barriere. 6. Nat. Tagung für Ingenieurgeologie, Aachen (1987), Seite 21–38
[32] JESSBERGER, H. L., GÜTTLER, U.: Geotechnische Großzentrifuge Bochum – Modellversuche im erhöhten Schwerefeld. Geotechnik, Bd. 11 (1988), Seite 85–97

Anhang
Fehlerbaum für eine Abfalldeponie

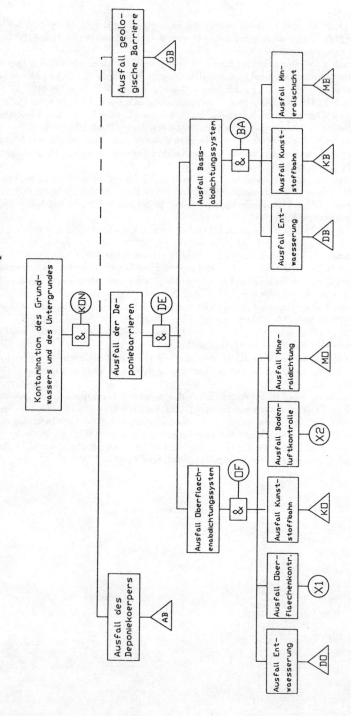

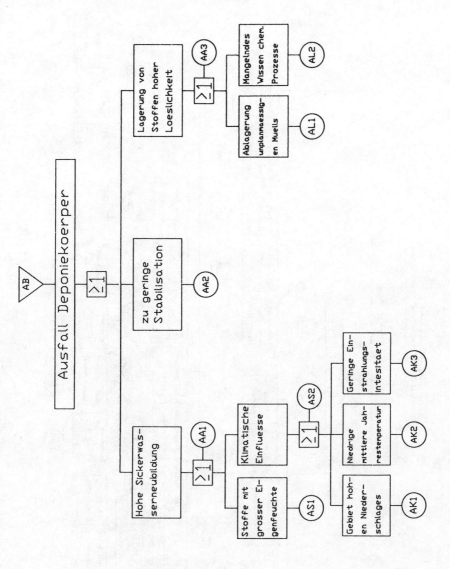

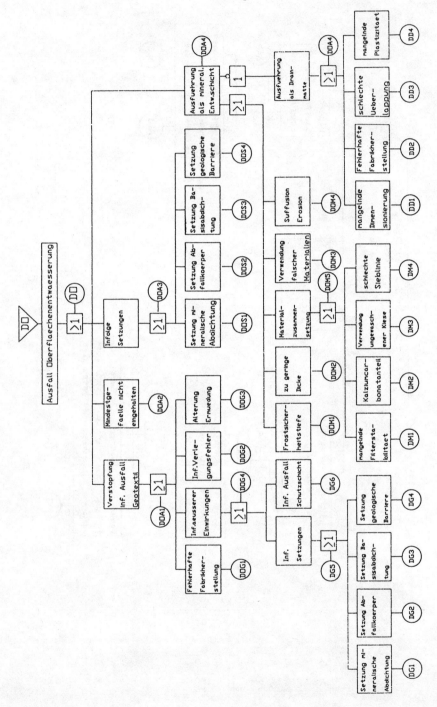

Anhang

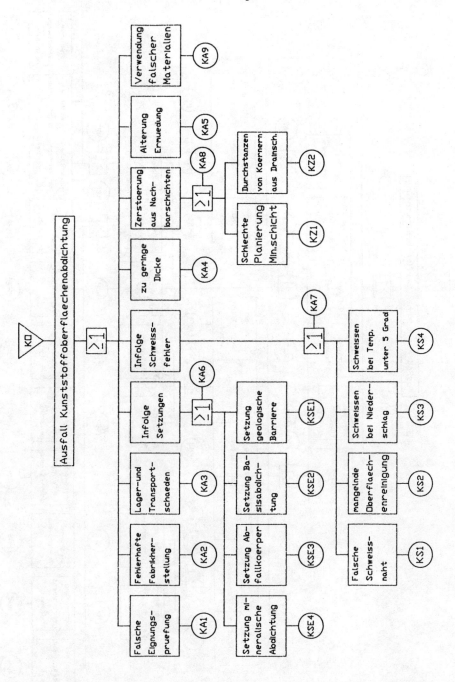

Anhang

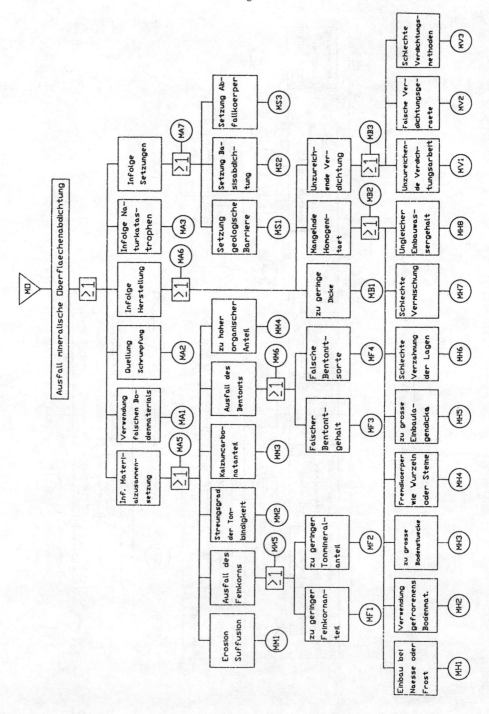

Anhang

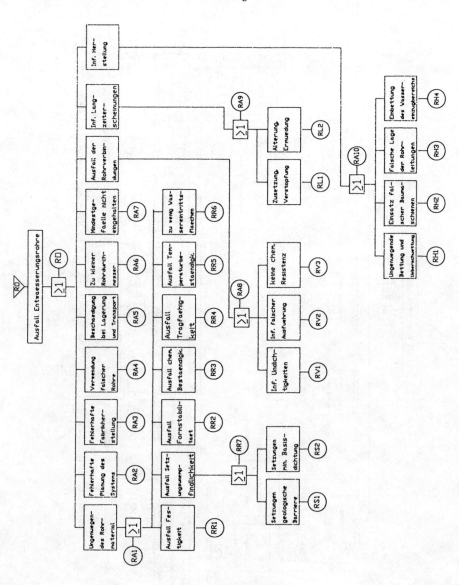

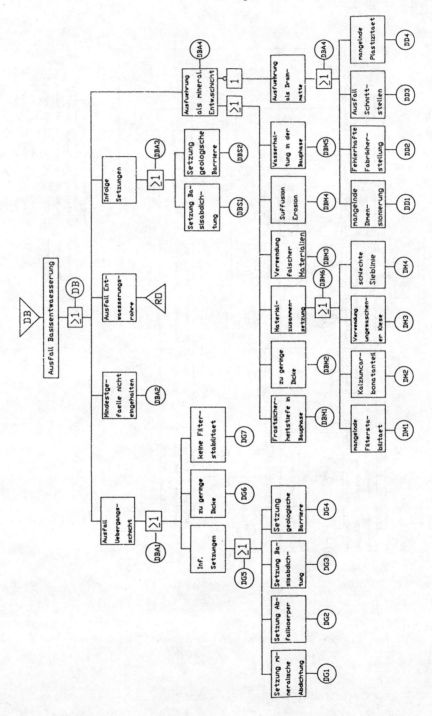

Anhang

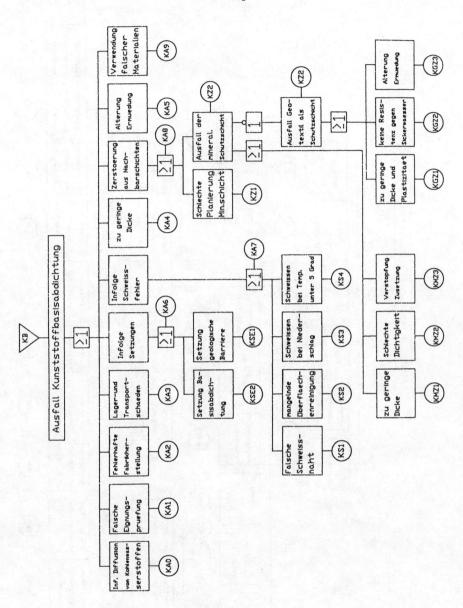

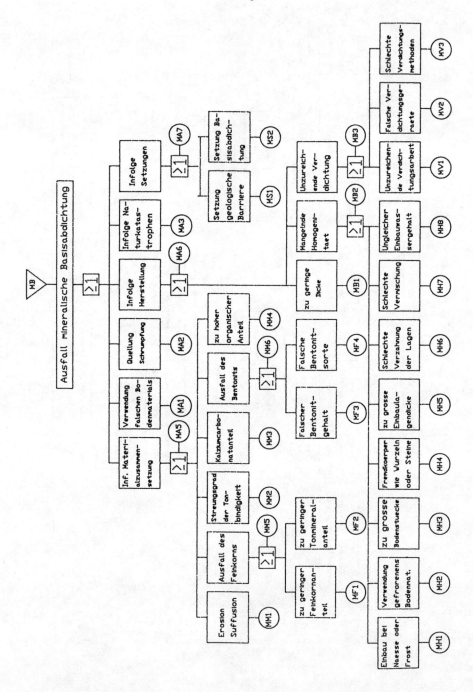

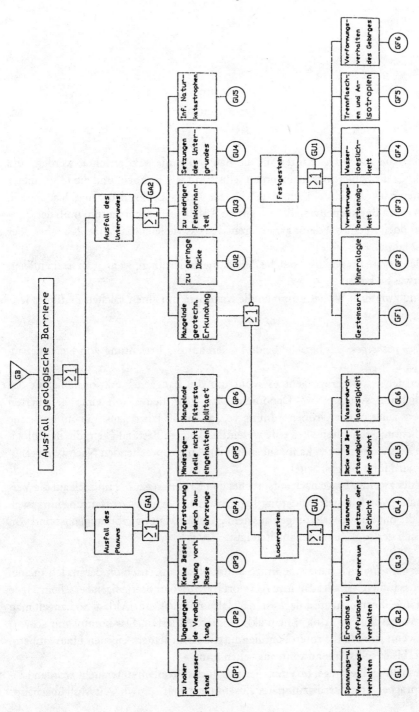

Diskussion

Herr von Zahn: Die Kosten für die Bauwerke, die jetzt errichtet werden, und auch für die Sanierungsmaßnahmen selbst sind ja sehr hoch, und die Höhe dieser Kosten hängt doch wohl sehr davon ab, für welche Lebensdauer man baut. Wenn man einen Baukörper erstellt, um giftige Abfallstoffe hineinzutun, muß der Ingenieur doch irgendwie dafür garantieren, daß das vielleicht 20 Jahre, 200 Jahre oder 2000 Jahre hält.

Meine erste Frage: Über welche Zeiträume saniert man, wenn man jetzt anfängt, so etwas zu bauen?

Und zweitens: Woher kommen die Kriterien, um einen solchen Zeitraum festzulegen?

Herr Jessberger: Ich beziehe beide Fragen auf die Errichtung von Deponiebauwerken.

Bei der ersten Frage geht es wohl um die Langzeit-Funktionsfähigkeit der Abdichtungssysteme von Deponien. Man geht heute von einer gesicherten Lebensdauer in der Größenordnung von 50 bis 80 Jahren aus. Für mineralische Abdichtungsschichten wird eine wesentlich längere Beständigkeit, die in geologische Zeiträume reichen kann, angenommen; an entsprechenden Nachweismethoden wird intensiv gearbeitet.

In der zweiten Frage nach entsprechenden Kriterien ist im Hinblick auf die Verwendung von Kunststoffdichtungsbahnen auf die langjährige Erfahrung hinzuweisen, die mit Abwasserleitungen aus dem gleichen Material vorhanden ist und von der sich der o. g. Zeitraum ableiten läßt.

Herr Kneller: Ich habe eine Frage unmittelbar im Anschluß daran. Ich meine, und das fühlen wir alle, daß Ihre Antwort irgendwo unbefriedigend erscheint. Jede Deponie, die man heute anlegt, ist in 50 Jahren ja auch eine Altlast. So hangelt man sich von Altlast zu Altlast; man akkumuliert Altlasten. Das kommt mir so vor, wie wenn jemand die toten Familienmitglieder in seinem eigenen Haus einbetoniert, bis er selbst irgendwann ausziehen muß.

Deshalb meine Frage, ob einmal ernsthaft das Problem untersucht worden ist – Sie sprachen von interdisziplinärer Zusammenarbeit –, inwieweit Müll überhaupt notwendig ist. Zum Beispiel kann Giftmüll aus Chemikalien bestehen, die in einem anderen Zusammenhang sehr wertvoll sind; man muß diese dann dort teuer einkaufen, während sie hier mit großem Aufwand eingelagert und abgedichtet werden. Solcher Müll könnte also durch entsprechende Organisation vermieden werden.

Herr Jessberger: Zunächst muß ich der Interpretation meiner o. g. Antwort widersprechen. Deponien, die heute angelegt werden, sind nicht notwendigerweise in 50 Jahren Altlasten. Man muß unterscheiden:
– Bis zu einem Zeitraum von etwa 50 Jahren kann man z. B. für eine Kunststoffdichtung mit an Sicherheit grenzender Wahrscheinlichkeit eine Funktionsfähigkeit ansetzen, für eine mineralische Abdichtung sicher für einen wesentlich längeren Zeitraum.
– Dies bedeutet nun nicht, daß in 50 Jahren die Deponie eine Altlast ist. Vorher müßte untersucht und dabei festgestellt werden, daß „eine Gefahr für die öffentliche Sicherheit und Ordnung" besteht. Erst dann wäre die Deponie eine Altlast.
– Natürlich ist nicht wegzudiskutieren, daß die Deponie als solche existiert und dies über lange Zeit.
Zu Ihrer eigentlichen Frage ist deutlich zu betonen, daß es bereits geltendes Recht ist, daß die Abfallvermeidung und Abfallverminderung sowie Wiederverwertung absoluten Vorrang vor der Entsorgung haben. In diesem Zusammenhang darf ich erwähnen, daß an der Ruhr-Universität Bochum derzeit ein DFG-Sonderforschungsbereich vorbereitet wird, der gerade der Abfallvermeidung und Abfallentsorgung gewidmet ist.

Herr Knoche: Ich habe eine Frage zu der Beanspruchung der Schichten. Sie sprachen ausschließlich von der statischen Beanspruchung. Gibt es nicht auch eine dynamische Beanspruchung dadurch, daß jede Deponie ihr Volumen ändert und diese Volumenveränderungen möglicherweise auch plötzlich zustande kommen können? Werden solche dynamischen Beanspruchungen berücksichtigt? Oder ist das nicht erforderlich?

Herr Jessberger: Wir sollten zwischen der Basisabdichtung und der Oberflächenabdichtung unterscheiden.

Herr Knoche: Ich meine die Basisabdichtung.

Herr Jessberger: Für eine Basisabdichtung ist keine kritische Beanspruchung dadurch zu erwarten, daß der Abfall im Laufe der Zeit sein Volumen ändert. Ich kann mir auch keine plötzliche energiereiche Einwirkung entsprechender Art vorstellen.

Es könnten aber in Verbindung mit tektonischen Vorgängen im Deponieuntergrund rasch ablaufende dynamische Verformungen auftreten, die – falls sie überhaupt zu erwarten sind – weniger für die hochverdichtete Abdichtung als vielmehr für den lockeren Abfallkörper eine Gefahr darstellen könnten. Um diese Gefahr nicht erst aufkommen zu lassen, wird für einen Deponiestandort gefordert, daß eben nicht mit dem Auftreten von solchen tektonischen Einwirkungen gerechnet werden muß.

Herr Knoche: Man kann also davon ausgehen, daß bei diesen Setzungserscheinungen keine plötzlichen Bewegungen auftreten. Ist das richtig?

Herr Jessberger: Wenn keine tektonischen Vorgänge stattfinden, also Hohlräume darunter sind, die plötzlich einfallen, oder ähnliches.

Herr Domke: Wenn ich es richtig verstanden habe, ist das Hauptproblem, wie die Deponie zuverlässig abgedichtet werden kann, um den Übergang vergifteten Wassers in den umgebenden Untergrund zu verhindern. Sie haben hierzu verschiedene konstruktive Möglichkeiten erörtert, aber nicht von langlebigen Kontrollmöglichkeiten gesprochen, mit denen die Funktionsfähigkeit der Dichtungen überprüft werden kann.

Könnten für eine solche Kontrolle nicht Tiefbrunnen verwendet werden, wie sie im Braunkohlentagebau üblich sind? Bei zunächst kleiner Pumpleistung könnte durch laufende Proben die Güte des Grundwassers unter der Deponie festgestellt werden. Bei einem Dichtungseffekt könnten stärkere Pumpen in das Brunnenrohr hineingelassen werden, um das kontaminierte Wasser herauszupumpen und damit seine seitliche Ausbreitung zu verhindern.

Sind derartige Überlegungen angestellt?

Herr Jessberger: Es ist sicher möglich, daß man in der Umgebung von Deponien Brunnen anordnet und von Zeit zu Zeit beprobt, um festzustellen, ob ein Schadstoffaustritt vorhanden ist. Dabei besteht das Problem, daß man vorher nicht weiß, an welcher Stelle ein möglicher Schadstoffaustritt stattfindet und es nicht verhindert werden kann, daß der Schadstoffaustritt zwischen zwei Beobachtungsbrunnen und damit nicht erfaßbar abläuft. In diesem Fall wären die Brunnen wirkungslos.

Den zweiten Teil Ihrer Frage darf ich so verstehen, daß man mit Brunnen ein sog. umgekehrtes Wasserspielgefälle erzeugt und damit einen Schadstoffaustrag verhindert, gleichzeitig aber eine Menge Wasser abpumpen muß. Diese Methode wird in der Tat in bestimmten Fällen als Sanierung von Altlasten eingesetzt. Allerdings muß das abgepumpte verunreinigte Wasser gereinigt und entsorgt werden, weshalb in jedem Einzelfall sehr genau zu prüfen ist, ob diese Methode sinnvoll ist.

Herr Führ: Mir ist etwas zu oft das Wort Sicherheit gefallen. Meinen Sie nicht eher doch ein Minimieren der Risiken? Ich sage das deshalb bewußt, weil ich aus einem Bereich komme, in dem wir lange geholfen haben, die Abfälle zu beseitigen, indem wir nämlich in der Landwirtschaft Klärschlamm und Stadtmüll gleichmäßig auf landwirtschaftlichen Nutzflächen ausbrachten, bis uns dann auch die verbesserte Analytik sagte, daß damit auch Schadstoffe und Laststoffe ausgebracht wurden.

Und was das Grundwasser angelangt, sind wir heute schon so weit, daß Vertreter des Bundesgesundheitsamtes sagen: Toxikologisch interessiert mich das gar nicht mehr, das ist völlig unbedeutend; wie weit können wir das Ganze ästhetisch treiben?

Ich habe zwei Fragen, und zwar zunächst eine Frage speziell zur Beseitigung von Altlasten durch Extraktion. Hier mache ich ein großes Fragezeichen; denn wenn ich etwas extrahiere, dann ist das nur der Teil, der von der Matrix Boden freigegeben wird, aber den Teil, der im Boden fixiert vorliegt, den erhalte ich so nicht. Ich kann Ihnen hier beste Beispiele aus dem Pflanzenschutz nennen, wo wir mit vielen 14 C-markierten Verbindungen feststellen, daß nach umfassenden Extraktionen noch Radioaktivität im Boden vorliegt, und die Frage ist, ob das noch die Originalverbindung ist und wann sie eventuell einmal freigesetzt wird.

Und dann das andere. Was das Anlegen neuer Deponien angeht, so sind wir uns, glaube ich, alle einig, so wenig wie möglich an Abfall zu produzieren; aber wenn wir Abfall produzieren, sollten wir wissen, was für ein Abfall es ist, der in die Deponie geht. Da ist für mich die Frage, warum man nicht auch die Kompostierung nutzt, indem man in die Deponien schon aktiven Boden mit hineinbringt, der a) zur Sorption führt und b) zu einer kontinuierlichen Umsetzung. In einer solchen Deponie haben wir ja immer „microsites" oder Makrokompartimente und Mikrokompartimente, die sich ergänzen, so daß anaerobe und aerobe Prozesse parallel laufen können.

Herr Jessberger: Zum ersten Teil Ihrer Frage muß man zwischen einer *in-situ* und *on/off-site*-Sanierung unterscheiden. Bei einer *in-situ*-Extraktion stellt sich in der Tat die Frage, ob auf diese Weise überall, und weiterhin, bis zu welchem Grad gereinigt wurde. Bei der *on/off-site*-Extraktion hat man die Möglichkeit, das Endprodukt, den gereinigten Boden, kontinuierlich zu untersuchen und dabei den Reinigungserfolg direkt zu bestimmen.

Herr Staufenbiel: Sie haben die Möglichkeit erwähnt, unsere Gruben zur Deponierung zu verwenden, wobei aber im Augenblick wohl noch irgendwelche Schwierigkeiten bestehen. Ich würde gern wissen, welche Schwierigkeiten das sind. Würde nicht in Bergwerken das Problem der Basisabdichtung hinfällig? Es genügen ja kleine Lecks in der Basisabdichtung, um alles zu vergiften. Wäre also dieses wesentliche Problem nicht mit der Deponierung in Bergwerken erledigt?

Was uns als Ingenieure wirklich unruhig macht, ist, daß die Möglichkeit einer Überprüfung, ob das System noch intakt ist, gar nicht ins Auge gefaßt wird. Es gibt doch einfache und auch billige Sensorsysteme, mit denen man feststellen kann, ob etwas nicht mehr dicht ist. Wenn dann die Deponie nicht allzu groß ist, wenn man also mit kleineren Einheiten operiert, dann würde sie bei Lecks eben umgelagert.

Die Frage geht also auf die Überwachung und dahin, was passiert, wenn das System nicht zu 100 Prozent funktioniert.

Herr Jessberger: Die Untertagedeponie ist ausdrücklich im Rahmenkonzept für die Sonderabfallentsorgung Nordrhein-Westfalens enthalten. Derzeit werden im Auftrage des Ministers für Umwelt, Raumordnung und Landwirtschaft NRW an der Ruhr-Universität Bochum Untersuchungen über die Eignung z. B. von aufgelassenen Grubenräumen für die Abfalleinlagerung durchgeführt.

Den zweiten Teil Ihres Beitrages möchte ich unter die Thematik „Kontrollierbarkeit und Reparierbarkeit" stellen. Heute geht man immer mehr davon aus, daß die Reparierbarkeit einer Basisabdichtung unter einer Deponie praktisch nicht oder höchstens nur einmal gegeben ist. Damit wird die Kontrollierbarkeit in ihrer Bedeutung zurückgedrängt. Man sollte sie höchstens in Erwägung ziehen für den Nachweis, daß die Basisabdichtung über längere Zeit dicht ist.

Herr Appel: Ich habe eine Frage zur Basisabdichtung, wozu ja hauptsächlich Tone verwendet werden. Nun zeigen Tone die Eigenschaft der Thixotropie, das heißt, sie werden auf Druck flüssig. Ich kenne aus dem Bonner Raum Beispiele, wo bei Neubauten keine Bodenuntersuchungen durchgeführt worden waren, wo sich eine Tonschicht befand und ganze Haushälften zusammengebrochen sind, weil die Unterschicht, der Ton, flüssig wurde.

Sind die Druckbelastungen hier so gering, daß man mit derartigen Eigenschaften nicht zu rechnen hat?

Herr Jessberger: Ich gehe davon aus, daß man hinsichtlich der Thixotropie keine Sorge haben muß, weil ja immer der Weg dazu gehört, um die Verflüssigung zu erzeugen. Der Druck allein reicht nicht. Es muß also immer ein Abscheren dabei sein, und das müßte ausgeschlossen sein.

Herr Schreyer: Ich will mich jetzt kurz fassen, weil viele meiner Fragen schon von anderen Kollegen gestellt worden sind. Aber ich möchte doch noch einmal auf das Zeitproblem eingehen, das Herr von Zahn angesprochen hat. Das ist sicherlich ein ganz wesentliches Problem. Auf der anderen Seite scheint es mir fast ein bißchen unfair dem Ingenieur gegenüber zu sein, von ihm zu verlangen, über große Zeiträume in die Zukunft hinein zu extrapolieren.

Wäre es umgekehrt nicht vielleicht praktischer, aus der Erfahrung mit den Altlasten zu lernen; daß wir etwa untersuchen, wie weit denn Giftstoffe in den Boden und in das Grundwasser hineingehen? Vielleicht können wir dann aus den Altlasten wirklich etwas lernen.

Absolut dicht wird, glaube ich, über geologische Zeiträume keine Tonschicht sein, so daß also wohl die wirklich sichere Lösung wäre – jetzt spreche ich als Geowissenschaftler –, diese Abfälle einschließlich der radioaktiven Abfälle allesamt in Subduktionszonen zu bringen, also in Tiefseegräben, wo sie mehrere hundert Kilometer tief versenkt werden und dann vielleicht nach einer Jahrmilliarde feinverteilt wieder herauskommen könnten. Die Amerikaner haben diesen Vorschag für radioaktive Abfälle schon gemacht. Ich glaube, für hochgiftige Abfälle wäre das auch ganz gut.

Aber nun meine konkrete Frage: Gibt es Untersuchungen an vielleicht besonders kritischen Altlasten, wie tief die Kontimination geht?

Herr Jessberger: Natürlich bemüht man sich darum, die Schadstoffausbreitung unter Altlasten zu erfassen. Aber das Kennzeichen einer Altlast ist ja gerade, daß keine oder nur eine unzureichende Abdichtung vorhanden ist, während man bei neuen Deponien ja eine sehr sorgfältig aufgebaute Basisabdichtung herstellt. Trotzdem wäre es sinnvoll, von der Schadstoffausbreitung unter einer Altlast auf die Schadstoffausbreitung unter neuen Deponien zu schließen. Im Hinblick auf die Langzeitsicherung von z. B. mineralischen Abdichtungen wird derzeit an mehreren Stellen intensiv wissenschaftlich gearbeitet. Der mir bekannte derzeitige Stand der Untersuchungen erlaubt bei Kenntnis der Abdichtungsmaterialien und der Sickerwassereigenschaften eine recht verläßliche Aussage über die Schadstoffausbreitung bzw. über die Verhinderung einer Schadstoffausbreitung durch eine mineralische Abdichtungsschicht.

Herr Batzel: Ich habe in dem Vortrag nichts über Deponien gehört, die entweder zur Selbstzündung neigen oder Brennbares enthalten. Wir wissen aus den brennenden Kohlehalden, daß die Tonschichten zu Ziegelasche umgewandelt wurden, deren Abbau sich sogar lohnt, weil sie ein wertvoller Baustoff ist. Wie sieht es hier bei Halden aus, wenn sie entweder zur Selbstzündung neigen oder aber durch irgendeinen Umstand in gewissen Nestern von Hausmüll ein Brand entsteht? Damit entsteht doch eine beachtliche Gefahr für die Abdichtung.

Herr Jessberger: Nach meiner Kenntnis ist die Gefahr von Deponiebränden sehr gering, soweit die Grundsätze der sog. „geordneten" Deponie eingehalten werden.

Herr Mäcke: Ich habe eine Frage zum Betrieb der Deponien. Sie haben ein schönes Ingenieurbauwerk gezeigt, einen Sickerschacht. Wo bleiben die Sickerwässer? Werden sie abgepumpt? Was macht man vor allen Dingen mit diesen Wässern? Das sind meistens doch wohl aggressive Wässer.

Herr Jessberger: Die abgepumpten Deponiesickerwässer stellen insofern ein Problem dar, als sie in der Regel nicht in den kommunalen Kläranlagen gereinigt werden können und daher einer besonderen Behandlung zugeführt werden müssen. Da man im voraus die genaue Zusammensetzung der Sickerwässer und damit auch die erforderlichen Reinigungsverfahren nicht kennt, wird oft die Sickerwasserreinigung erst im Laufe eines Deponiebetriebes entwickelt.

Herr Mäcke: Ich habe noch eine Frage zum Mechanischen der Unterhaltung. Wird es in einem Dränagesystem abgeführt? Oder pumpt man lieber? Das Sickerwasser fällt doch dauernd an, und es muß ein dauernder Betrieb sein.

Herr Jessberger: Man sollte anstreben, daß z. B. in einer Hangdeponie das Sickerwasser nach außen abfließt, ohne das dauernd gepumpt werden muß.

Herr Mäcke: Das ist eben die Frage: Wohin mit dem Wasser, das da ausfließt?

Herr Jessberger: Das abfließende Sickerwasser muß in jedem Fall einer Behandlung/Entsorgung zugeführt werden.

Numerische Strömungssimulation

von *Egon Krause*, Aachen

1. Allgemeine Einleitung

Die Strömungsmechanik beinhaltet eins der schwierigsten Probleme der angewandten Mathematik: Die Lösung der Erhaltungsgleichungen für Masse, Impuls und Energie in vollständiger und vereinfachter Form für Randbedingungen, die nicht so sehr durch akademisches Interesse, sondern vielmehr durch praktische Anwendung der Grundgesetze der Strömungsmechanik gegeben sind. Erst nach Einführung elektronischer Rechenmaschinen konnten Lösungen für derartige Probleme mit Erfolg entwickelt werden. In einigen Teilgebieten der Strömungsmechanik ist es heute nicht mehr möglich, ohne Computer, und in Zukunft ohne Supercomputer, Probleme zu erforschen, deren Lösung von zentralem Interesse ist.

Flüssigkeits- und Gasströmungen können durch Lösungen der genannten Erhaltungsgleichungen beschrieben werden. Diese stellen ein System partieller Differentialgleichungen dar, in dem die örtliche Strömungsgeschwindigkeit, die Dichte, der Druck und die innere Energie oder eine andere thermodynamische Größe die abhängigen Variablen bilden, die für den allgemeinen Fall in Abhängigkeit von den drei Raumkoordinaten und der Zeit ermittelt werden müssen. Die Erhaltungsgleichungen müssen durch die Zustandsgleichung ergänzt werden, die den Zusammenhang zwischen Druck, Dichte und Temperatur herstellt, und durch konstitutive Beziehungen für den Spannungstensor und den Wärmestromvektor. Für Newtonsche Flüssigkeiten kann der Spannungstensor als lineare Funktion des Geschwindigkeitsgradienten dargestellt werden. In analoger Weise kann der Wärmestromvektor durch das Fouriersche Wärmeleitungsgesetz ausgedrückt werden. Außerdem muß die Abhängigkeit der beiden Zähigkeitskoeffizienten, der Wärmeleitfähigkeit und der spezifischen Wärme von der Temperatur bekannt sein.

Zur Lösung der Erhaltungsgleichungen müssen Anfangs- und Randbedingungen vorgegeben werden. Das bedeutet, daß die Strömungsgrößen zu einem bestimmten Zeitpunkt bekannt sein und daß für alle späteren Zeiten die abhängigen Variablen auf der Berandung vorgegeben werden müssen. Für feste Wände sind die Randbedingungen durch die Stokesche Hypothese der Flüssigkeitshaftung und durch als bekannt angenommene Wärmefluß- oder Temperaturverteilungen gegeben. Wegen der besonderen Form der Erhaltungsgleichung für die Masse kann die Dichte nur im Einströmquerschnitt vorgegeben werden.

Die Strömungsform hängt stark davon ab, wie groß die Kräfte sind, die an den Flüssigkeitselementen angreifen. Da sich die Größe der wirkenden Trägheits-, Druck-, Volumen- und Reibungskräfte örtlich und zeitlich ändern kann, ist im allgemeinen die Anzahl der zu beobachtenden Strömungsformen groß. So können stationäre Strömungen örtlich instationär werden. Wirbelbildung und Zerfall sind ein beredtes Beispiel dafür. Sie können in allen Größenordnungen auftreten.

Zur Konstruktion numerischer Lösungen wird allgemein angenommen, daß die unabhängigen Variablen in Reihen entwickelt werden können. Die Reihen ergeben einen näherungsweisen Zusammenhang zwischen den unabhängigen Variablen und deren örtlichen und zeitlichen Ableitungen in der Nachbarschaft eines Punktes im Strömungsfeld. Damit ist die Möglichkeit gegeben, die Differentialausdrücke in den Erhaltungsgleichungen durch Differenzenausdrücke zu ersetzen. Zu diesem Zweck muß das Strömungsfeld mit einem Gitternetz überzogen werden, an dessen Knotenpunkten die Differentialgleichungen durch örtlich gültige Differenzengleichungen substituiert werden. Dieser Vorgang wird Diskretisierung genannt. Im Gegensatz zur Grenzwertbildung ist die Diskretisierung nicht eindeutig. Es bieten sich viele Möglichkeiten an, einen Differentialausdruck durch Differenzenquotienten zu approximieren. So lassen sich die Anzahl der in der Reihenentwicklung berücksichtigten Terme und der Abstand der Gitterpunkte von einander im Prinzip beliebig variieren. Da aus Genauigkeitsgründen die Abstände zwischen den Gitterpunkten möglichst klein gewählt werden müssen, ist die Anzahl der zu lösenden Differenzengleichungen und damit auch die Anzahl der zu bestimmenden Unbekannten groß. Lösungen der Differenzengleichungen sind deshalb nur mit elektronischen Rechenanlagen, bei mehrdimensionalen und zeitabhängigen Problemen nur mit Hochleistungsrechnern möglich. Auch bei Verwendung der größten und schnellsten heute zur Verfügung stehenden Rechenmaschinen sind zehn, ja sogar hundert Stunden Rechenzeit zur Berechnung komplexer Strömungsfelder nicht ungewöhnlich.

Da die Diskretisierung nicht eindeutig ist, ist die Frage berechtigt, ob die gewählte Differenzenapproximation tatsächlich zur richtigen Lösung führt. Eine verbindliche Antwort auf diese Frage kann heute nur für lineare Probleme nach dem Laxschen Äquivalenzsatz gegeben werden. Er sagt aus, daß der Nachweis der numerischen Stabilität die notwendige und hinreichende Bedingung für die Konvergenz der Lösung gewährleistet, wenn die Differenzenapproximation konsistent formuliert ist. Unter einer konsistenten Formulierung versteht man, daß die Differenzenapproximation für gegen Null strebende Schrittweiten in die zu approximierende Differentialgleichung übergeht. Eine Differenzenapproximation wird numerisch stabil genannt, wenn bei der Auflösung der resultierenden Differenzengleichungen Abbruch-, Rundungs- und Verfahrensfehler nicht beliebig anwachsen.

Jede Strömung ist durch einen physikalischen Abhängigkeitsbereich gekennzeichnet. Das bedeutet, daß sich in einem Strömungsfeld Störungen unterschiedlich schnell ausbreiten: Das mit Überschallgeschwindigkeit fliegende Flugzeug kann erst nach Überfliegen eines Beobachters von ihm gehört werden, das mit Unterschallgeschwindigkeit fliegende Flugzeug wird schon vor dem Überfliegen von ihm wahrgenommen. In der Verallgemeinerung heißt das, daß bei der Berechnung eines Strömungsfeldes die zur Bestimmung der unabhängigen Variablen verwendeten Informationen nicht aus beliebig gewählten Bereichen, sondern nur aus einem bestimmten, durch den Charakter der Strömung festgelegten Teil des Strömungsfeldes verwendet werden dürfen. Diese Einschränkung wurde schon 1929 von COURANT, FRIEDRICHS und LEWY in der nach ihnen benannten Abhängigkeitsbereichs-Bedingung festgelegt. Sie besagt, daß für ein lineares Problem der numerische Abhängigkeitsbereich einer Differenzenapproximation den Abhängigkeitsbereich einer Differentialgleichung einschließen muß, wenn die Lösung konvergieren soll.

Diese wenigen Bemerkungen mögen genügen, um dem Leser einen Einblick in einige der physikalischen und mathematischen Probleme einer sich in rascher Entwicklung befindlichen wissenschaftlichen Disziplin zu geben. Es ist nicht schwer einzusehen, daß in Zukunft Physiker, Ingenieure, Mathematiker und Informatiker bei der Bearbeitung von Forschungsvorhaben näher zusammenrücken müssen. Das Beherrschen einer Disziplin wird nicht ausreichen, strömungsmechanische oder überhaupt physikalische Probleme numerisch zu simulieren.

In der vorliegenden Arbeit wird bewußt nicht auf Einzelheiten unterschiedlicher Lösungstechniken eingegangen, obwohl dies eine sehr reizvolle Aufgabe gewesen wäre. Vielmehr soll an Anwendungsbeispielen der Aerodynamik, am Beispiel der Innenströmungen und am Beispiel biologischer Strömungen gezeigt werden, wie heute numerische Verfahren zur Simulation strömungsmechanischer Vorgänge benutzt werden können.

Der Autor dankt der Rheinisch-Westfälischen Akademie der Wissenschaften für die Einladung, der Klasse für Natur-, Ingenieur- und Wirtschaftswissenschaften einen Vortrag zu halten. Da das Aerodynamische Institut dieses Jahr sein 75jähriges Bestehen feiert, werden vorwiegend Arbeiten aus dem Institut diskutiert, um neben der allgemeinen Entwicklung in der numerischen Strömungssimulation auch gleichzeitig jüngere Arbeiten des Instituts vorzustellen.

2. Aerodynamische Anwendungen

2.1 Bemerkungen zu den Anfängen

Ein Flugzeugentwurf durchläuft heute im allgemeinen drei Phasen: In der ersten wird für mehrere mögliche Konfigurationen das Strömungsfeld für die einzelnen Flugzustände in der Regel mit numerischen Verfahren berechnet. Aus diesen Berechnungen ergeben sich Datensätze, die Flugleistung und Flugeigenschaften beschreiben, so daß danach günstige Konfigurationen ausgewählt werden können. Diese werden in der zweiten Phase in eingehenden Windkanalversuchen untersucht. Schließlich bleibt nur eine Konfiguration übrig, die als Prototyp gebaut wird. Mit dem Prototyp wird die dritte Phase, die Flugerprobung, durchgeführt.

Wie noch zu erläutern sein wird, hat die numerische Strömungssimulation in der Aerodynamik (Phase 1) innerhalb von zweieinhalb Jahrzehnten eine wichtige Position eingenommen. Nach Angaben der Industrie werden heute etwa vierzig Prozent der aerodynamischen Entwicklungsarbeit mit Hilfe numerischer Methoden und etwa sechzig Prozent im Windkanalversuch durchgeführt. Der Supercomputer ist in der Aerodynamik unentbehrlich geworden. Umgekehrt hat die Aerodynamik die Entwicklung von Hochleistungsrechnern und den Entwurf von Lösungsmethoden für die strömungsmechanischen Grundgleichungen stark vorangetrieben. Dieser Trend wird auch in den nächsten zehn Jahren noch anhalten, da bisher wichtige Teilaufgaben, so zum Beispiel das Problem des laminar-turbulenten Umschlags und das Turbulenzproblem selbst, noch nicht gelöst werden konnten.

Seit der Einführung der elektronischen Datenverarbeitung befinden sich der aerodynamische Entwurf wie auch die Grundlagenuntersuchungen in einer kontinuierlichen Änderung, die wesentlich durch die Entwicklung numerischer Methoden und der Rechnerarchitekturen geprägt ist.

In den Anfängen des Flugzeugbaus konnte man nur die direkte Flugerprobung (Phase 3) durchführen, obwohl der Windkanal gleichzeitig mit dem ersten Flugzeug entwickelt wurde. Aber die Erzeugung eines Luftstroms mit nahezu konstanter Geschwindigkeit im Windkanal bedeutete nicht die Lösung des Experimentierproblems: Die Modell- und Meßtechnik und die Übertragung der Meßwerte vom Modell auf die Hauptausführung stellten damals und stellen auch heute noch Probleme dar, die enormen finanziellen Aufwand erfordern. Der sich in der Planung befindliche „European Transonic Windtunnel" ist ein beredtes Beispiel dafür. Aus diesem Grunde ist jede theoretische Aussage zur Ermittlung der aerodynamischen Charakteristika eines Flugzeugs von großer Bedeutung.

Welch ein Wandel im Verlauf der Zeit! In Aachen wurde das erste Ganzmetallflugzeug 1908, fünf Jahre vor der Gründung des Aerodynamischen Institutes im Jahre 1913, von Professor HANS REISSNER konzipiert [2.1]. Das Flugzeug wurde als Eindecker mit selbsttragendem Flügel gebaut. Es absolvierte erfolgreich seinen Erstflug am 12. April 1909 in einer Höhe von vier bis sechs Metern über eine Entfernung von mehreren hundert Metern in der Nähe von Aachen. Im Jahre 1912 baute REISSNER ein weiteres Flugzeug, das später als „Reissner-Ente" bekannt wurde. Tafel I a zeigt einen Teil des Flügels, der wie auch der Motor hinter dem Pilotensitz angeordnet war. Von aerodynamischer Formgebung ist an der „Reissner-Ente" noch nichts zu erkennen.

Die Verwendung von Wellblech in der Tragflügelkonstruktion war aus Festigkeitsgründen vorgeschlagen worden. Es trug zur Versteifung des selbsttragenden Flügels bei und sparte widerstandserzeugende Halterungen ein. Dieser Vorschlag setzte sich sehr bald durch: Die später von Professor HUGO JUNKERS in Stückzahlen von über 4000 gebaute JU 52 hatte ebenfalls eine Wellblechkonstruktion, wie auf Tafel I b zu erkennen ist. Gezeigt ist eine Aufnahme eines kürzlich von der Lufthansa herausgegebenen Farbdruckes. Obwohl heutige Flugzeuge nicht mehr in der von JUNKERS propagierten Art gebaut werden, kann es durchaus sein, daß zukünftige Flugzeuge wieder mit gerillten Oberflächen versehen werden, nicht zur Verbesserung der Steifigkeit, sondern mit anderer Rillentiefe und -breite zur Verringerung des Widerstandes.

Da, wie schon angedeutet, der Flugzeugentwurf auch in Zukunft letztendlich nicht auf den Windkanalversuch verzichten kann, stellt sich die Frage, in welcher Weise numerische Methoden in der Aerodynamik Anwendung finden.

2.2 Bedeutung der numerischen Aerodynamik

In Windkanalversuchen können Oberflächendrücke, örtliche Strömungsgeschwindigkeiten und aerodynamische Kräfte, wie Auftrieb und Widerstand von Flugzeugkomponenten oder von Gesamtkonfigurationen, gemessen werden. Zum besseren Verständnis des Strömungsverhaltens ist es oft erforderlich, die Strömung sichtbar zu machen. Kompressible Strömungen können mit Hilfe der Interferometrie visualisiert werden. Die Tafel II zeigt zwei Strömungsbilder, die mit Hilfe der Differentialinterferometrie von T. FRANKE im Aerodynamischen Institut aufgenommen wurden [2.2]. Abgebildet sind die Strömungen um das Tragflügelprofil CAST 7 bei der Auslegungs-Mach-Zahl $Ma_\infty = 0.76$ und den Anstellwinkeln $\alpha = 0$ Grad (Abb. a) und $\alpha = 8$ Grad (Abb. b). Deutlich zu erkennen ist die nahezu verlustfreie Strömung in Abb. a und die Ausbildung von örtlichen Überschallfeldern und Verdichtungsstößen und deren Wechselwirkung mit dem Profilnachlauf in Abb. b. Die Vielzahl der im letzten Bild sichtbaren Einzelvorgänge ist verwirrend. Eine experimentelle Diagnose der Strömung in Einzelheiten ist schwierig. Hier können numerische Analysen von großem Nutzen sein, obwohl, wie schon angedeutet, Entstehung und Zerfall turbulenter Strukturen in der Grenzschicht und im Nachlauf bisher nur unvollständig verstanden werden.

Die Anwendung numerischer Methoden in der aerodynamischen Entwurfsarbeit soll mit Hilfe der nächsten Abbildungen erläutert werden. Tafel III a zeigt ein Mach-Zehnder-Interferogramm der Strömung um das vorher diskutierte Profil für den Auslegungszustand. Die abgebildeten Linien konstanter Dichte zeigen die Bildung eines schwachen Verdichtungsstoßes auf der Profiloberseite. Die Ergebnisse einer Vergleichsrechnung, die kürzlich von D. Hänel und M. Breuer im Aerodynamischen Institut durchgeführt wurden, sind in Tafel III b dargestellt [2.3]. Abgebildet sind wieder Linien konstanter Dichte, die mit einer numerischen Lösung der Navier-Stokes-Gleichungen ermittelt wurden. Obwohl für diese Berechnung ein Schließungsansatz zur Beschreibung der turbulenten Spannungen verwendet werden mußte, dessen Gültigkeit nur in gewissen Grenzen abgesichert ist, ist die Übereinstimmung mit den experimentellen Daten in Tafel III a außerordentlich gut.

Diese Aussage erhält erst die richtige Gewichtung, wenn man die Empfindlichkeit der Strömung in bezug auf Anstellwinkeländerungen erkennt. Tafel IVa zeigt die Strömung bei sonst gleichen Bedingungen für einen Anstellwinkel von $\alpha = 0°10'$. Die geringfügige Anstellwinkeländerung ruft in der Strömung eine wesentlich stärkere Stoßausbildung auf der Profiloberseite hervor als in dem vorher diskutierten Fall. Die Vergleichsrechnung (Tafel IV b) zeigt das gleiche: Ein relativ starker Stoß ist deutlich in der Strömung oberhalb des Profils zu erkennen, die errechneten Linien konstanter Dichte stimmen wieder gut mit den experimentell ermittelten überein. Zwei Schlüsse sind zulässig. Die auf kleine Geometrieänderungen sehr empfindlich reagierenden schallnahen Tragflügelströmungen können heute mit guter Genauigkeit auf Hochleistungsrechnern simuliert werden. Die Genauigkeit der Berechnung kann nur durch das Experiment überprüft werden, wie zum Beispiel durch Vergleich mit gemessenen statischen Drücken. So zeigt Abb. 1 einen solchen Vergleich mit experimentellen Daten, die von der DFVLR zur Verfügung gestellt wurden, für das Profil CAST 7 bei Auslegebedingungen. Nach Abb. 1 kann der Profilauftrieb, im wesentlichen der Inhalt der von den Kurven eingeschlossenen Fläche, sicher durch numerische Integration der Erhaltungsgleichungen für Masse, Impuls und Energie ermittelt werden.

Die gleiche Genauigkeit kann jedoch noch nicht bei der Berechnung des Widerstandes erreicht werden. Dies trifft besonders bei großen Reynoldsschen Zahlen zu. Die bei der Widerstandsermittlung auftretenden Unsicherheiten sind auf die vorher schon erwähnten Schwächen in der Theorie zur Beschreibung turbulenter Strömungen zurückzuführen. Ein Einblick in diese Problematik soll durch die folgende Darstellung vermittelt werden.

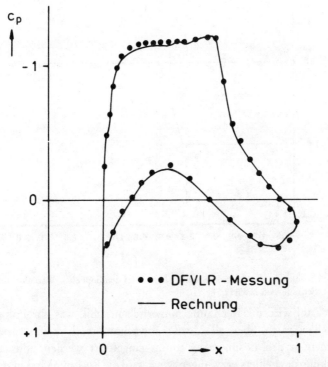

Abb. 1: Vergleich von errechneter und gemessener Druckverteilung für das CAST-7 Profil. Rechnung nach [2.3]. Die Meßdaten wurden von der DFVLR zur Verfügung gestellt.

Tafel V a zeigt die Bildung einer leicht instabilen Wirbelstraße an der Hinterkante des Tragflügelprofils NACA 4412 bei einem Anstellwinkel von 1,2 Grad. Die Strömung wurde von B. Schweitzer im Wasserkanal des Aerodynamischen Instituts bei einer Reynolds-Zahl von $Re_\infty = 1,5 \cdot 10^4$ mit Hilfe der Lichtschnittmethode sichtbar gemacht [2.4]. Wegen der relativ niedrigen Reynolds-Zahl ist die Strömung nicht turbulent, sondern verwirbelt. Die sich an der Hinterkante bildenden Strukturen zerfallen erst viel weiter stromab in dem dann vollturbulenten Nachlauf. Die Strömung wurde von K. Dortmann mit einer numerischen Lösung der zeitabhängigen Navier-Stokes-Gleichungen auf einem Hochleistungsrechner simuliert [2.5]. Das Ergebnis dieser Simulation ist in Tafel V b dargestellt. Die errechneten Wirbelstrukturen sind den im Experiment beobachteten sehr ähnlich. Die Unterschiede sind durch die noch nicht ausreichende numerische Auflösung und zum anderen durch die erforderliche numerische Dämpfung bedingt. Unzureichende numerische Auflösung bedeutet, daß die Maschenweiten des verwendeten Gitternetzes zu groß sind; numerische Dämpfung bedeutet eine Verfälschung des physikalischen Problems. Oberhalb einer bestimmten nominellen

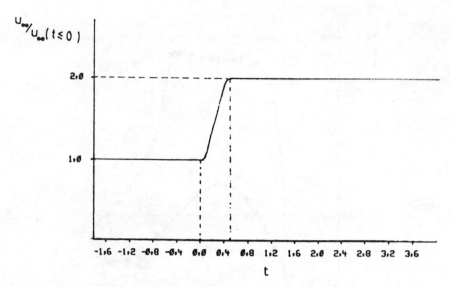

Abb. 2: Beschleunigung der Anströmgeschwindigkeit auf den doppelten Wert der ursprünglichen Geschwindigkeit. Nach [2.5]

Reynolds-Zahl wird die Rechnung numerisch instabil, was zur Folge hat, daß kleine Fehler rasch über alle Maße anwachsen. Falls keine methodischen Maßnahmen in den Lösungsalgorithmus eingeführt werden, mit denen eine Beschränkung des Fehlers erzwungen wird, wird die Rechnung in kurzer Zeit völlig unbrauchbar.

Eine Möglichkeit, die Dämpfung der Fehler zu bewirken und die Lösung der Differenzengleichungen numerisch stabil zu halten, besteht in der Addition von Differentialausdrücken zweiter und vierter Ordnung in den Erhaltungsgleichungen für Masse, Impuls und Energie. Die Schwierigkeit einer solchen Korrektur besteht darin, die Dämpfungsterme betragsmäßig gerade so groß zu wählen, daß die Fehler ausgedämpft werden, aber auch hinreichend klein, damit die Dämpfungsterme in den beschreibenden Differentialgleichungen keine maßgebliche Verfälschung der Massen-, Impuls- und Energieflüsse hervorrufen. Da die Dämpfungsterme in der diskretisierten Form auch von den Maschenweiten abhängen und diese nicht beliebig klein gewählt werden können, sind kleine Wirbelstrukturen nur mit sehr großem Aufwand numerisch zu erfassen.

Der Einfluß der numerischen Dämpfung auf das Ergebnis der Simulation ist in den folgenden Abbildungen dargestellt. Für das auf Tafel V b gezeigte Strömungsfeld wurde angenommen, daß die Anströmgeschwindigkeit (Abb. 2) auf den doppelten Wert beschleunigt wurde. Dabei wurde die Strömung vor, während und nach der Beschleunigung mit der in [2.5] beschriebenen Lösung der Navier-Stokes-Gleichungen berechnet. Abb. 3 zeigt den ermittelten Auftriebs-

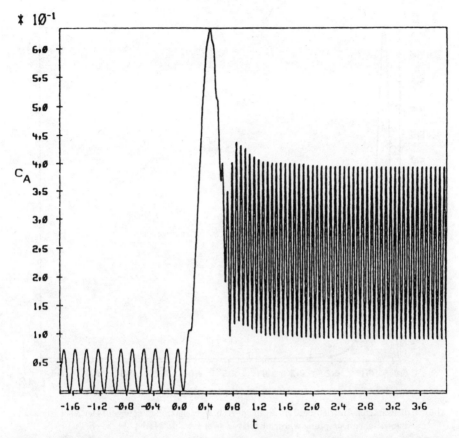

Abb. 3: Berechneter Auftriebsbeiwert vor, während und nach der in Abb. 2 gezeigten Beschleunigung. Nach [2.5]

beiwert C_A. Er ist durch periodische Schwankungen unterschiedlicher Frequenz und Amplitude vor und nach der Beschleunigung gekennzeichnet. Die Schwankungen werden durch die Wirbelablösungen an der Tragflügelhinterkante hervorgerufen. Der rapide Anstieg und Abfall des Auftriebsbeiwertes ist durch eine Verkleinerung des Ablösegebietes während und eine anschließende Vergrößerung nach der Beschleunigung bedingt. Ein Vergleich mit experimentellen Daten zeigte, daß die Größenordnung der Dämpfungsterme richtig gewählt worden war, die errechneten Amplituden und Frequenzen stimmten gut mit den gemessenen Werten überein.

In einer zweiten Rechnung wurde die numerische Dämpfung leicht vergrößert. Abb. 4 zeigt das Ergebnis. Dargestellt ist wieder der Auftriebsbeiwert in Abhängigkeit von der Zeit. Die Schwankungen des Auftriebskoeffizienten sind vollständig ausgedämpft und die Rechnung gibt ein falsches Bild von der Strömung.

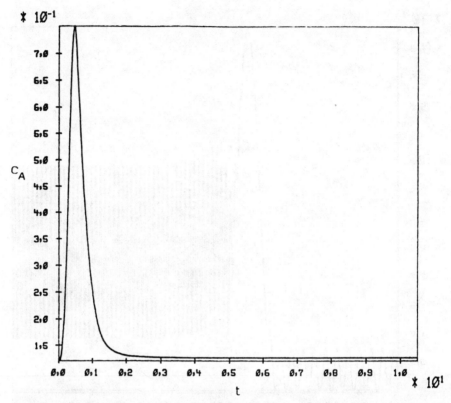

Abb. 4: Berechneter Auftriebsbeiwert für die in Abb. 2 gezeigten Bedingungen. Der Koeffizient der numerischen Dämpfung wurde unzulässig groß gewählt. Nach [2.5]

Dieses Ergebnis zeigt, daß bei der Berechnung von Wirbelstrukturen in Strömungen, die durch große Reynoldssche Zahlen gekennzeichnet sind, die numerische Dämpfung eine außerordentlich wichtige Rolle spielt. Werden die Wirbelstrukturen kleiner, wird die Wechselwirkung zwischen den physikalischen und numerischen Ereignissen stärker, bis schließlich die einen von den anderen nicht mehr zu trennen sind. Mit einem gewählten Netz und einer bestimmten numerischen Lösung können deshalb nur Wirbelstrukturen beschrieben werden, die eine hinreichende Größe haben. Strukturen, die in ihren charakteristischen Abmessungen kleiner sind als die Maschenweiten, müssen separat modelliert werden. Eine andere Möglichkeit besteht darin, sie mit außerordentlich fein auflösenden Algorithmen zu erfassen. Das letzte ist heute nur für Modellprobleme möglich. Aus diesem Grunde ist für die direkte Beschreibung des laminar-turbulenten Umschlags und turbulenter Strömungen noch eine relativ große Steigerung der Leistungsfähigkeit von Rechnern und Lösungsalgorithmen erforderlich.

Der Fortschritt bei der Berechnung großer Wirbelstrukturen ist dagegen in den vergangenen Jahren tatsächlich spektakulär gewesen. Dies soll für eine Strömungsform erläutert werden, die bei der Umströmung von Deltaflügeln auftritt. An einem angestellten Deltaflügel bilden sich auf der Oberseite zwei Wirbel, die sich an der Vorderkante einrollen und deren Achse nahezu parallel zur Anströmung ist. Der Unterdruck im Wirbelkern trägt wesentlich zur Erhöhung des Auftriebs bei. Bei hinreichend großen Anstellwinkeln wird durch den Druckanstieg in der Nähe der Tragflügelhinterkante der Wirbelkern zerstört, womit eine starke Verringerung des Auftriebs verbunden ist. Dieser Vorgang, der als Wirbelaufplatzen bekannt ist, wird im Sonderforschungsbereich 25 „Wirbelströmungen in der Flugtechnik" eingehend untersucht. Tafel VI zeigt eine Aufnahme der Strömung um das Modell eines Deltaflügels. Die Wirbelkerne und deren Aufplatzen sind durch die beiden weißen Farbfäden zu erkennen. (Die Aufnahme wurde von Professor Dr. R. STAUFENBIEL, Lehrstuhl für Luft- und Raumfahrt, RWTH Aachen, freundlicherweise zur Verfügung gestellt.) Der Aufplatzvorgang kann bei größeren Anstellwinkeln noch vehementer verlaufen als in der auf Tafel VI gezeigten Strömung.

Erste Versuche, diese räumliche und zeitabhängige Strömung mit Hilfe numerischer Methoden zu simulieren, wurden im Aerodynamischen Institut von P.-M. HARTWICH 1983 unternommen [2.6]. Zu Beginn dieser Untersuchung wurde die Berechnung des Aufplatzvorgangs von Kritikern für unmöglich gehalten. Obwohl nur eine relativ kleine Rechenmaschine mit geringer Leistung zur Verfügung stand, gelang es, die wesentlichen Merkmale des Aufplatzvorgangs bei kleinen Reynolds-Zahlen zu erfassen. Abb. 5 zeigt die Seiten- und Draufsicht des Flügels mit einigen Lagrangeschen Teilchenbahnen, die von der Vorderkante des Flügels abgehen. Dargestellt sind die Teilchenbahnen zu zwei verschiedenen Zeiten, $t = 280 \Delta t$ und $t = 330 \Delta t$, wobei Δt der für die Berechnung gewählte Zeitschritt ist. Die Reynolds-Zahl beträgt Re = 1500, der Anstellwinkel α = 35 Grad, die Flügelstreckung ist 1. Die Größe $\varkappa i$ stellt den Koeffizienten der numerischen Dämpfung dar. Der Vergleich der Lagrangeschen Teilchenbahnen zeigt, daß die Strömung nicht wie bei kleineren Anstellwinkeln stationär ist. Genauere Untersuchungen konnten jedoch wegen der zu geringen Netzauflösung nicht durchgeführt werden.

In anschließenden Arbeiten setzte HARTWICH seine Untersuchungen bei der NASA Langley in den USA fort. Er verbesserte den Lösungsalgorithmus, und mit Hilfe leistungsfähiger Rechenanlagen konnte schon 1987 das Strömungsfeld um einen Deltaflügel mit aufgeplatztem Wirbel in guter Übereinstimmung mit dem Experiment berechnet werden [2.7]. Zur Zeit wird mit ähnlichem Erfolg das Strömungsfeld um einen Doppeldeltaflügel analysiert. Tafel VII a zeigt die Lagrangeschen Teilchenbahnen, wie sie mit der von HARTWICH entworfenen Lösung für die inkompressible räumliche Strömung um einen Doppeldeltaflügel berechnet wur-

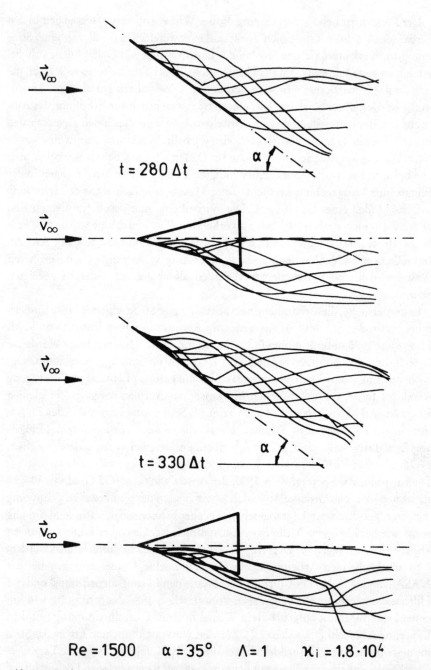

Abb. 5: Berechnete Lagrangesche Teilchenbahnen einer Modellströmung mit aufgeplatzten Wirbeln. Nach [2.6]

den [2.8]. Deutlich zu erkennen ist die vom Vorflügel abgehende Wirbelstruktur (blau gezeichnete Teilchenbahnen), die sich mit der vom Hauptflügel abgehenden (grün gezeichnete Teilchenbahnen) vereint. Die Rückströmung im aufgeplatzten Wirbelkern (rot gezeichnete Teilchenbahnen) zeigt, in welchem Ausmaß ein aufgeplatzter Wirbelkern das Strömungsfeld beeinflussen kann. Zukünftige Untersuchungen werden auch die Flugzeuggeometrie miteinbeziehen und der Frage nachgehen, welche Kräfte an Leitwerken auftreten, wenn sie von einem aufgeplatzten Wirbel getroffen werden. Am Rande sei vermerkt, daß die von HARTWICH entworfene Lösung heute auch dazu verwendet wird, die Strömung um Unterwasserschiffe zu berechnen.

Innerhalb eines Zeitraums von fünf Jahren konnte in diesem Fall die Lösung eines Strömungsproblems gefunden werden, das bis dahin theoretisch in Einzelheiten nicht zugänglich zu sein schien.

Da die Strömungsvorgänge im Innern des aufgeplatzten Kerns in der Strömung am Deltaflügel schwer zu analysieren sind, wurde diese Problematik an einem isolierten Wirbel unter Laborbedingungen studiert. Dazu wurde im Aerodynamischen Institut ein Versuchsstand eingerichtet, in dem eine drallbehaftete Strömung in einem Rohr erzeugt werden konnte. In das Rohr wurde eine Verengung und eine Erweiterung des Querschnitts eingesetzt, so daß die Strömung zuerst in axialer Richtung leicht beschleunigt und dann wieder verzögert wurde. Durch Änderung des Volumenstroms konnte bei vorgegebenem Drall der Aufplatzvorgang eingeleitet werden. Einzelheiten sind in [2.9] beschrieben. Tafel VII b zeigt eine Strömungsaufnahme des blasenförmig aufgeplatzten Wirbels, mit Hilfe des Lichtschnittverfahrens sichtbar gemacht. Die Farbe wurde der Strömung durch ein im Wirbelkern achsparallel angeordnetes dünnes Röhrchen zugefügt. Zu erkennen sind die ringwirbelartigen Strukturen im Innern des aufgeplatzten Teils des Wirbels.

Das Aufplatzen des isolierten Wirbels wurde eingehend in mehreren Arbeiten im Aerodynamischen Institut untersucht, wobei zunächst axiale Symmetrie vorausgesetzt wurde [2.10], [2.11], [2.12]. Diese Arbeiten erbrachten einen Einblick in die Mechanismen, die den Aufplatzvorgang einleiten, stabilisieren und verändern. Als wichtigste Erkenntnis ergab sich aber schließlich, daß die in den theoretischen Untersuchungen angenommene axiale Symmetrie in der Strömung nicht vorhanden ist. Dieses Ergebnis wurde von S. MENNE in seiner Dissertation erarbeitet [2.13]. In Fortsetzung seiner Arbeit bei der NASA Langley in den USA konnte er vor kurzem zeigen, daß der Aufplatzvorgang in nahezu allen Einzelheiten mit einer numerischen Lösung beschrieben werden kann, wenn die Symmetrieannahme fallengelassen wird. Tafel VIII zeigt einige Ergebnisse seiner Untersuchung [2.14]. Dargestellt sind die Teilchenbahnen und Wirbellinien im aufgeplatzten Teil des Wirbels. Die ringwirbelartige Struktur ist im oberen Teil von Tafel VIII klar zu erkennen. Auch in diesem Fall hatten Kritiker zu Beginn der Untersuchung die Berechenbarkeit der Strömung für unmöglich gehalten.

In den vorausgegangenen Betrachtungen wurden Profilströmungen und Strömungen um Tragflügel kleiner Streckung diskutiert. Mit zunehmender Computerkapazität und Rechengeschwindigkeit wird es in absehbarer Zeit möglich sein, Strömungen um ganze Flugzeugkonfigurationen zu analysieren. Tafel IX a zeigt eine Gitternetzanordnung, die im Aerodynamischen Institut von G. SEIDER für einen Flügel großer Streckung entworfen wurde.

Als letztes Bespiel für die Anwendung numerischer Methoden in der Aerodynamik wird die Berechnung hypersonischer Strömungsfelder angeführt. Das Interesse am Entwurf von Raumflugzeugen hat in jüngster Vergangenheit stark zugenommen. Mehr als je zuvor werden dabei numerische Methoden zur Ermittlung der mechanischen und thermischen Lasten verwendet werden.

Einen Einblick in diese Arbeiten, die vor kurzem im Zusammenhang mit dem „Hermes-Projekt" im Aerodynamischen Institut begonnen wurden, geben die folgenden Abbildungen. Tafel IX b zeigt die Anordnung eines Gitternetzes für einen stumpfen Körper zur Strömungsfeldberechnung nach [2.15]. Das Strömungsfeld wird durch die sich vor dem Körper als Verdichtungsstoß ausbildende Bugwelle, durch die Körperkontur und durch eine weiter stromab angenommene Ausströmungsebene begrenzt. Auf diesen Begrenzungsflächen müssen die Randbedingungen festgelegt werden. Sie sind durch die Sprungbedingungen über den Verdichtungsstoß, die Haftbedingungen und die thermischen Bedingungen auf der Körperkontur und den im allgemeinen nicht bekannten Strömungszuständen in der Ausströmebene gegeben. Das zu wählende Gitternetz muß sich dem Strömungsverlauf, der im wesentlichen durch die Konturform und die Anströmbedingungen geprägt ist, anpassen. Zukünftige Arbeiten werden die Konstruktion leicht zu handhabender Netzgeneratoren miteinbeziehen, da bei Änderung der Kontur in der Regel auch Änderungen in der Anordnung der Gitterpunkte vorgenommen werden müssen.

Ein Beispiel für die heute schon erreichbare Qualität der Strömungsberechnung für hypersonische Anströmbedingungen ist auf Tafel X a dargestellt. Im Vergleich zum Experiment [2.16] (Tafel X b) werden darin die Verläufe der Wandstromlinien an einem Doppelellipsoid nach [2.16] für eine Anström-Mach-Zahl von $Ma_\infty = 8.15$, eine Reynoldssche Zahl von $Re_\infty = 2 \cdot 10^6$ und einen Anstellwinkel $\alpha = 30°$ gezeigt. Ablöselinien und Verläufe der Sekundärströmungen werden, wie der Vergleich zeigt, mit guter Genauigkeit vorausberechnet.

In der Aerodynamik sind numerische Methoden zu einem unentbehrlichen Handwerkszeug geworden. In gleicher Weise werden sie auch in anderen Gebieten Anwendung finden. In den nächsten beiden Kapiteln werden zwei neue mögliche Anwendungsgebiete beschrieben.

3. Innenströmungen

3.1 Strömungen in technischen Geräten

Unter Innenströmungen versteht man im allgemeinen Strömungen, die nicht unendlich ausgedehnt sind. Sie verlaufen in technischen Behältern und Gehäusen mit festen Wänden. Die Strömungsform hängt von den Gehäuseabmessungen, den auftretenden Geschwindigkeiten und Temperaturen und den rheologischen Eigenschaften des strömenden Mediums ab. Innenströmungen können in großer Vielseitigkeit beobachtet werden. Ihre detaillierte Untersuchung ist schwierig, da die meisten Innenströmungen keinen Längenmaßstab bevorzugen.

Wegen der begrenzenden festen Wände sind Innenströmungen immer wirbelbehaftet. Die sich bildenden Scherschichten können leicht instabil werden und sich aufrollen, wenn die Wandkonturen Unstetigkeiten in den Steigungen enthalten. Dadurch kann die Strömung örtlich instationär werden, ohne daß die Strömung im Ein- und Austritt zeitabhängig ist.

Innenströmungen sind deshalb auch nicht leicht zu handhaben; sie weisen mindestens ebenso viele komplexe Strukturen wie Außenströmungen auf und widersetzen sich in vielen Fällen vereinfachenden Näherungen. Eine rigorose Durchdringung der Problematik der Innenströmung steht trotz ihrer großen technischen Bedeutung noch aus. Wegen der auftretenden Nichtlinearitäten ist man in der Analyse vorrangig auf numerische Simulation mit Hochleistungsrechnern angewiesen. Dies läßt sich mit vielen Beispielen belegen. Hier soll anhand von drei einfachen Beispielen die Komplexität von Innenströmungen aufgezeigt werden. Betrachtet werden die idealisierte Strömung im Einlauf von Sicherheitsventilen, die Strömung in einer T-förmigen Rohrabzweigung und die Strömung durch ein ebenes Turbinengitter. Als erstes wird die Strömung im Einlauf von Sicherheitsventilen diskutiert.

Das sichere Arbeiten von Sicherheitsventilen, die an Druckbehältern für Flüssigkeiten und Gase installiert werden, hängt sehr von der gewählten Kontur des Einlaufstutzens ab. Eine ungünstige Formgebung kann die Strömung so stören, daß sie instationär wird und das Ventil zu schwingen beginnt [3.1]. Aus Fertigungsgründen wird der Einlauf oft scharfkantig gestaltet, so daß es zur Strömungsablösung und Strahleinschnürung kommt. Ist bei vorgegebenem Verhältnis von Kesseldruck und Außendruck die Einschnürung durch die Strömungsablösung hinreichend groß, stellt sich im Einlauf eine Überschallströmung ein, die von Verdichtungsstößen durchsetzt ist. Dadurch können Gesamtdruck und Massenfluß stark reduziert werden. Eine solche Konfiguration ist auf Tafel XI a dargestellt. Die Kesselseite des Ventils befindet sich auf der linken Seite des Bildes. Das Gas strömt durch den Einlaufstutzen nach rechts ins Freie. Die Strömungsablösung an der scharfen Einlaufkante ist deutlich erkennbar. Durch die Einschnürung wird oben und unten je ein schräger Verdichtungsstoß ausgelöst, der durch Reflexion an den Wänden zu vierfacher Durchkreuzung führt, bevor die Strömung wieder Unterschallgeschwindigkeit erreicht. Das Stoßsystem verringert wegen der Reduktion des Massenflusses stark die Effektivität des Sicherheitsventils. Das Stoßsystem reagiert auch empfindlich auf Druckänderungen, und es können sich Pulsationen und Schwingungen in der Strömung einstellen. Das sichere Funktionieren des Ventils ist damit nicht mehr gewährleistet.

Die Strömung wurde mit Hilfe der Differentialinterferometrie im kleinen Überschallwindkanal des Aerodynamischen Instituts sichtbar gemacht [3.2]. Es ist bemerkenswert, daß Strömungen in Sichherheitsventilen bisher noch nicht numerisch simuliert worden sind. Die hier geschilderten Einlaufverluste, die im wesentlichen durch die Geometrie der Gehäuse hervorgerufen werden, können durch eine einfache Abrundung der Einlaufkante weitgehend vermieden werden. Dies ist deutlich erkennbar auf Tafel XI b, wo wieder eine ebene Ventileinlaufströmung dargestellt ist, diesmal mit abgerundeten Kanten. Diese Strömungsführung erzeugt eindeutig weniger Verluste. Sie wurde ebenfalls mit Hilfe der Differentialinterferometrie im Aerodynamischen Institut sichtbar gemacht [3.2].

Einlaufströmungen in Kanälen mit abgerundeten Kanten können heute mit Hilfe numerischer Methoden berechnet werden. Ein Ergebnis einer solchen Berechnung ist im Vergleich zu experimentell aufgenommenen Linien konstanter Dichte auf Tafel XII dargestellt. In der rechten Bildhälfte sind die mit einem Mach-Zehnder-Interferometer ermittelten Isopyknen abgebildet. Das Versuchsmedium ist Luft, die an der abgerundeten Einlaufkante vorbei, in der oberen rechten Bildecke sichtbar, in den Einlaufstutzen strömt. In der linken Bildhälfte ist der Vergleich von errechneten und gemessenen Linien konstanter Dichte dargestellt. Die Berechnung dieser Einlaufströmung ist in [3.3] beschrieben. Obwohl die Einströmbedingungen nicht genau bekannt sind, ist die Übereinstimmung zwischen Experiment und numerischer Simulation durchaus akzeptabel.

Die Abmessungen von Sicherheitsventilen haben in den letzten Jahren erheblich zugenommen. Damit haben sich auch die Strömungsvorgänge im Innern der Ventile verändert. Trotzdem sind bisher keine ernstzunehmenden Anstrengungen der Armaturenindustrie bekannt geworden, die Auslegungsmethoden von großen Sicherheitsventilen zu verbessern. Die wissenschaftlich-technischen Voraussetzungen dafür sind schon seit mehreren Jahren vorhanden. Überhaupt scheinen Einzelheiten auch über relativ einfache Innenströmungen nicht bekannt zu sein. Tafel XIII a zeigt eine T-förmige Rohrabzweigung, in die Flüssigkeit von links und rechts einströmt. Die Abströmung erfolgt über den nach oben gerichteten Stutzen. Der links einströmenden Flüssigkeit ist eine floureszierende andere Flüssigkeit mit nahezu gleichem spezifischen Gewicht beigemischt. Mit Hilfe des

Tafel I: a) Die Reissner-Ente, von Professor Hans Reissner 1912 gebautes Ganz-Metall-Flugzeug mit selbsttragendem Flügel aus Wellblech
b) Die JU 52, eins der erfolgreichsten in Deutschland gebauten Flugzeuge; Verwendung von Wellblech zur Verbesserung der Festigkeit

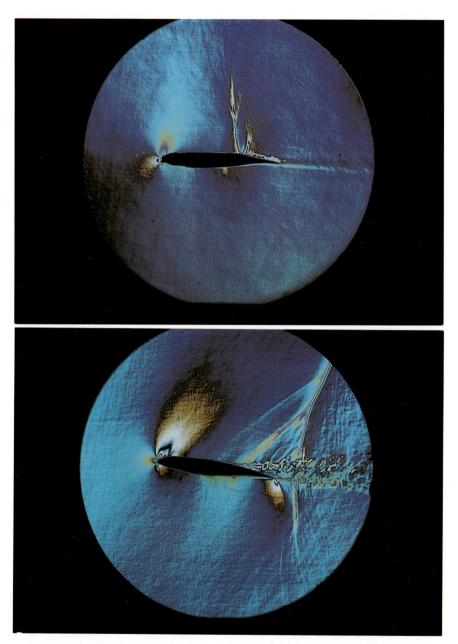

Tafel II: Strömungsfeld um das CAST-7 Profil, aufgenommen mit dem Differentialinterferometer. Nach [2.2]
    a) $Ma_\infty = 0.76$, $\alpha = 0°$
    b) $Ma_\infty = 0.76$, $\alpha = 8°$

Numerische Strömungssimulation

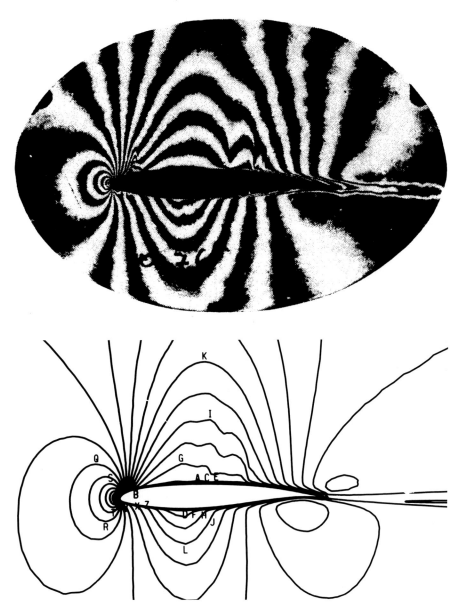

Tafel III: Dichteverteilung um das CAST-/ Profil. Ma$_\infty$ = 0.76, α = 0°
    a) Aufnahme mit dem Mach-Zehnder-Interferometer. Nach [2.2]
    b) Berechnung mit einer numerischen Lösung der Navier-Stokes-Gleichungen. Nach [2.3]

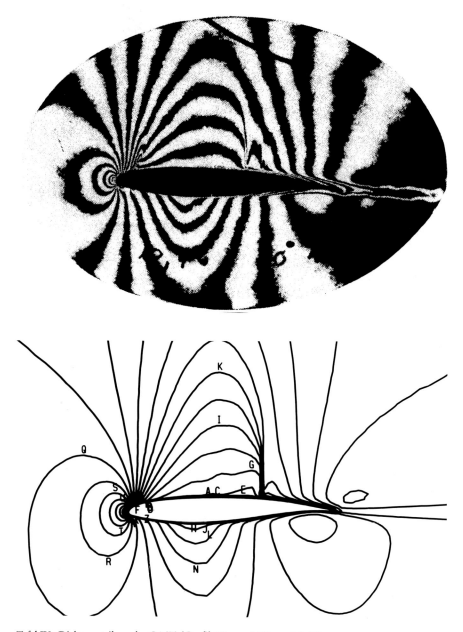

Tafel IV: Dichteverteilung des CAST-/ Profil. Ma$_\infty$ = 0. 76, α = 0 ° 10'
    a) Aufnahme mit einem Mach-Zehnder-Interferometer. Nach [2.2]
    b) Berechnung mit einer numerischen Lösung der Navier-Stokes-Gleichungen. Nach [2.3]

Numerische Strömungssimulation

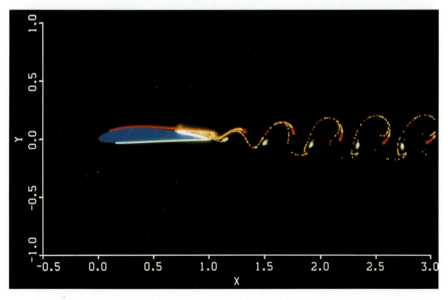

Tafel V: Bildung einer Wirbelstraße am Tragflügelprofil NACA 4412. $Re_\infty = 1.5 \cdot 10^4$, $\alpha = 1.2°$
  a) Aufnahme aus dem Wasserkanal. Nach [2.4]
  b) Berechnung mit einer numerischen Lösung der Navier-Stokes-Gleichungen. Nach [2.5]

Tafel VI: Visualisiertes Wirbelaufplatzen am Modell eines Deltaflügels. Aufnahme von Prof. Dr. R. Staufenbiel, Lehrstuhl für Luft- und Raumfahrt der RWTH Aachen

Numerische Strömungssimulation

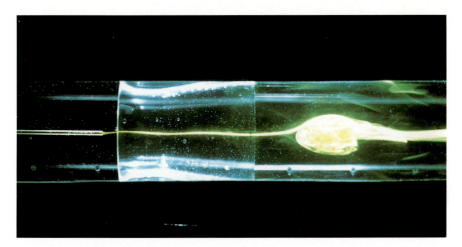

Tafel VII: a) Aufgeplatzte Wirbel in der Strömung um einen Doppeldeltaflügel. Berechnung mit einer numerischen Lösung nach [2.8]
b) Aufgeplatzter isolierter Wirbel. Aufnahme aus dem Aerodynamischen Institut. Nach [2.9]

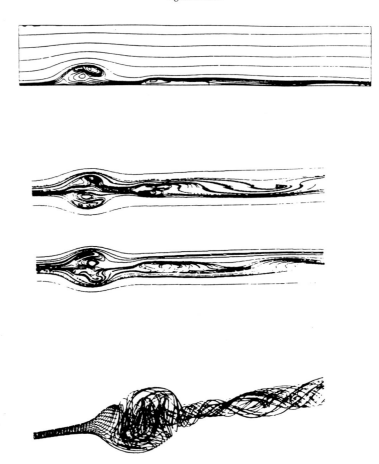

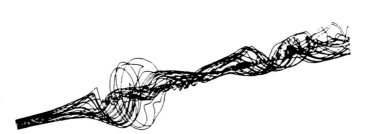

Tafel VIII: Berechneter Aufplatzvorgang eines isolierten Wirbels. Nach [2.14]

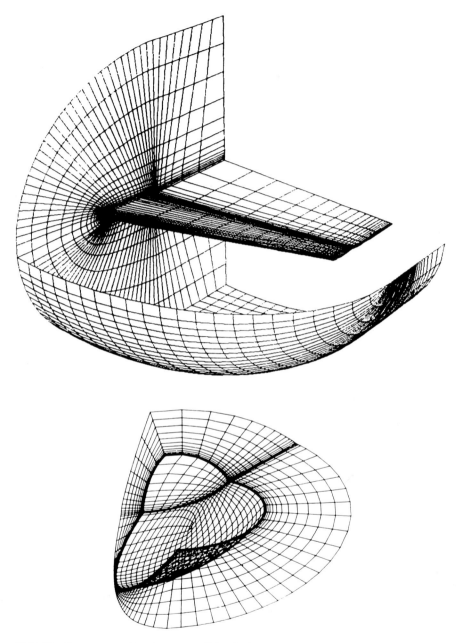

Tafel IX: Gitternetze zur Berechnung räumlicher Strömungen
a) Strömungen um einen Flügel großer Streckung
b) Strömungen um Hyperschall-Flugzeuge. Nach [2.15]

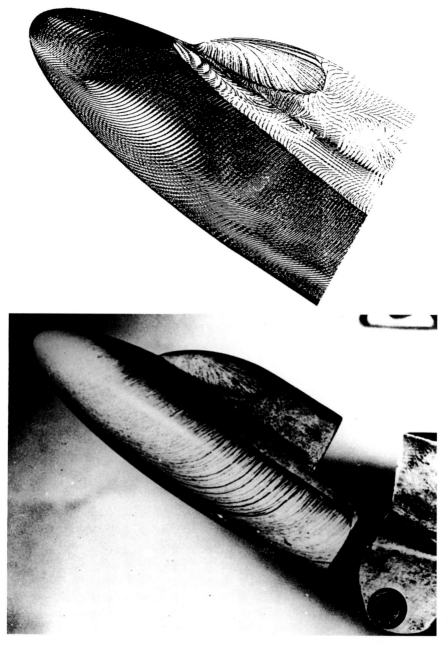

Tafel X: Wandstromlinien an einem Doppelellipsoid. $Ma_\infty = 8.15$, $Re_\infty = 2 \cdot 10^6$, $\alpha = 30°$
  a) Berechnung. Nach [2.15]
  b) Aufnahme aus dem Windkanal. Nach [2.16]

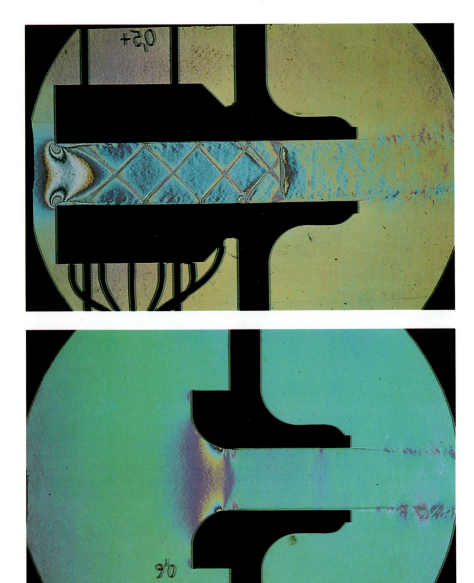

Tafel XI: Kompressible Strömung im Einlaufstutzen eines idealisierten ebenen Sicherheitsventils. Nach [3.2]
 a) Mit Verdichtungsstößen durchsetzte Strömung in einem scharfkantigen Stutzen
 b) Nahezu verlustfreie Strömung in einem abgerundeten Stutzen

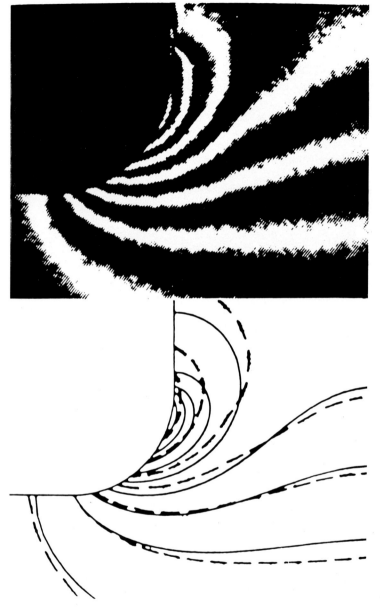

Tafel XII: Vergleich von berechneten (links) und experimentell ermittelten (rechts) Dichtekonturen im Einlaufstutzen eines idealisierten ebenen Sicherheitsventils. Nach [3.3]

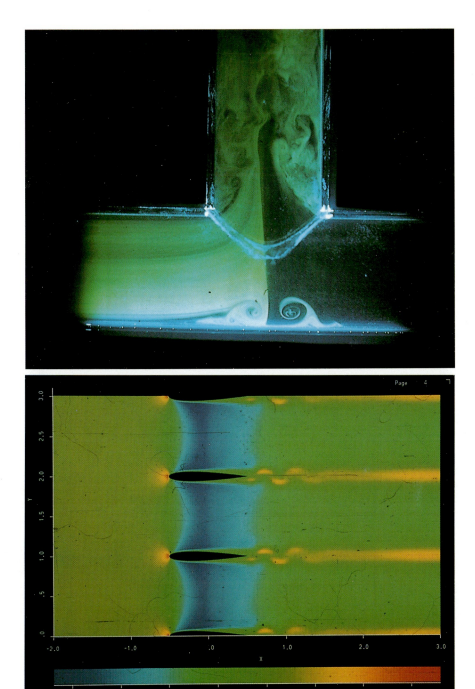

Tafel XIII: a) Wirbelbildung in einer T-förmigen Rohrabzweigung. Aufnahme nach R. Neikes und B. Bartmann aus dem Aerodynamischen Institut
b) Numerisch simulierte ebene kompressible Gitterströmung. Nach [3.4]

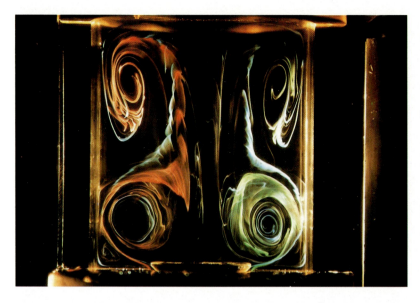

Tafel XIV: Ausbildung von Primär- und Sekundärwirbel in inkompressibler Zylinderinnenströmung mit axialsymmetrischer Ventilanordnung. Nach [3.6]
a) Kolbenposition in der Nähe des oberen Totpunktes
b) Kolbenposition in der Nähe des unteren Totpunktes

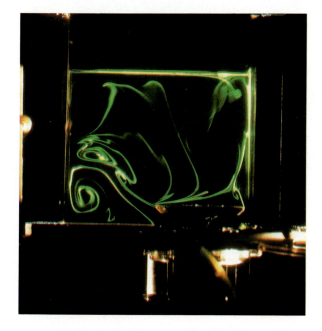

Tafel XV: Ausbildung von Primär- und Sekundärwirbel in inkompressibler Zylinderinnenströmung mit ausmittig angeordnetem Ventil. Nach [3.6]

Tafel XVI: Experimentell und numerisch ermittelte Linien konstanter Dichte in einer ebenen kompressiblen Zylinderströmung. Deutlich sichtbar die Ausbildung des Primärwirbels. Die Abkürzung CA bedeutet Kurbelwinkel. Nach [3.7] und [3.8]

Lichtschnittverfahrens kann so die Strömung sichtbar gemacht werden. Deutlich erkennbar sind große und kleine Wirbelstrukturen, die sich zu beiden Seiten der Trennfläche in der Strömung ausbilden, die bisher auch noch nicht berechnet worden sind. Das Bild Tafel XIII a wurde von R. NEIKES und B. BARTMANN im Aerodynamischen Institut aufgenommen.

Erfolgreiche Ansätze zur Berechnung von Strömungen in Turbinengittern sind inzwischen vorhanden. Tafel XIII b zeigt ein farbig dargestelltes Strömungsfeld einer numerisch simulierten Gitterströmung [3.4]. Deutlich zu erkennen sind die Wirbelbildungen unmittelbar stromab von der Profilhinterkante. Obwohl realistische Gitterströmungen wesentlich komplexer sind als die auf Tafel XIIIb gezeigten, lassen die bisher vorliegenden Ergebnisse berechtigte Hoffnung zu, daß mit Hochleistungsrechnern in Zukunft Gitterströmungen mit guter Genauigkeit berechnet werden können und daß sich Entwurfsverfahren in viel stärkerem Maße als heute üblich auf numerische Simulationen abstützen werden.

3.2 Strömungen in Zylindern von Kolbenmotoren

Die Möglichkeiten, die heute Hochleistungsrechner bieten, fordern geradezu dazu heraus, den Motorenbauer, dessen Hauptanliegen komplexe Innenströmungen sind, mit numerischen Handwerkszeugen auszurüsten, so daß er sich endlich einen detaillierten Einblick in die physikalischen Vorgänge verschaffen kann, die die Strömung in Zylindern von Kolbenmotoren bestimmen.

Der Verbrennungsvorgang, der die Energiefreisetzung und damit auch den Brennstoffverbrauch bestimmt, wird maßgeblich durch die Strömung während des Ansauge- und des Kompressionstaktes beeinflußt. Die Strömung im Zylinder wird durch Längen- und Zeitmaßstäbe geprägt, die durch die Kolbengeschwindigkeit, die Einströmgeschwindigkeit der Luft, die örtliche Schallgeschwindigkeit und die Zylinderabmessungen gegeben sind. Neben den großen Strukturen in der Strömung sind Mikroskalen der Turbulenz in den Scherschichten an den Wänden und im Strahl am Ventil zu beobachten, wo turbulenter Impuls- und Energietransport die Strömung maßgeblich beeinflussen. Bisher ist es noch nicht gelungen, das Integrationsgebiet mit hinreichend feinstrukturierten Netzen aufzulösen, so daß Wirbelstrukturen von der Größenordnung der Kolmogoroff-Länge erfaßt werden können. Auch für zweidimensionale Strömungen ist die theoretische Modellierung turbulenter Transportvorgänge immer noch durch die nicht ausreichende Rechengeschwindigkeit und Speicherkapazität heute zur Verfügung stehender Rechner eingeschränkt. Aus diesem Grunde werden oft zeitlich gemittelte Erhaltungsgleichungen mit zusätzlichen Schließungsannahmen verwendet. Angesetzt werden die Gradienten-Hypothese und die näherungsweise Ermittlung der kinetischen turbulenten Energie mit Hilfe des k - ε Modells. Obwohl diese Modelle für zweidimensionale inkompressible stationäre dünne Scherschichten entworfen wurden, werden sie heute zur Berechnung der stark instationären kompressiblen Strömung in Verbrennungsmotoren benutzt. Andere Autoren lösen die Transportgleichungen für die Reynoldsschen Spannungen. Alle Schließungsansätze müssen empirische Konstanten und Postulate miteinbeziehen, die eigentlich nur für die betrachtete Strömung gelten können. Da mit den Maschenweiten, die heute verwirklicht werden können, nur ein Teil der Wirbelstrukturen erfaßt werden kann, müssen in der Regel noch weitere vereinfachende Annahmen eingeführt werden, wie zum Beispiel Approximationen für die wandnahe Strömung.

Eine der wichtigsten bisher unbeantwortet gebliebenen Fragen ist die Frage, ob die Strömung im Zylinder durch grobstrukturige Wirbel oder durch eine ausgebildete turbulente Strömung beherrscht wird. Experimentelle Ergebnisse bestätigen die Existenz großer Wirbelstrukturen zumindest während der Ansaugphase. Im Aerodynamischen Institut wurden deshalb im Rahmen des Sonderforschungsbereiches 224 „Motorische Verbrennung" Untersuchungen eingeleitet, die auf diese Fragestellung fokussiert sind. Die zur Zeit laufenden Arbeiten sollen Aufschluß über die Bildung von Wirbelstrukturen während des Ansaugtaktes und ihrer Veränderung während des Kompressionstaktes geben. In den bisher durchgeführten numerischen Untersuchungen werden Reibungskräfte und Wärmeübergang vernachlässigt. Das aus Trägheits- und Druckkräften resultierende Kräftegleichgewicht kann dann durch numerische Lösung der Euler-Gleichungen für instationäre, kompressible Strömungen ermittelt werden.

Zunächst wurden ebene und axialsymmetrische Zylinderinnenströmungen untersucht. Die Beschränkung auf ebene Strömungen brachte den Vorteil, daß die errechneten Ergebnisse mit experimentellen Ergebnissen, die mit Hilfe der Mach-Zehnder-Interferometrie gewonnen wurden, verglichen werden konnten.

Axialsymmetrische Strömungen werden als erste diskutiert. Abb. 6 zeigt die Geschwindigkeitsvektoren einer axialsymmetrischen Zylinderinnenströmung, berechnet mit einer numerischen Lösung der Euler-Gleichungen, die in [3.5] beschrieben ist; die Zylinderachse ist durch die strichpunktierte Linie, die Zylinderwand durch die obere und der Kolbenboden durch die rechte Begrenzungslinie dargestellt. Der Einlaßschlitz des symmetrisch angeordneten Ventils ist links im Bild zu erkennen. Der Einströmwinkel β beträgt 30 Grad, die Drehzahl n = 3000 min^{-1} und das Kompressionsverhältnis ε =3.5. Der Kurbelwinkel beträgt 82 Grad. Das obere Diagramm in Abb. 6 zeigt die Geschwindigkeitsvektoren ohne, das untere die Geschwindigkeitsvektoren mit überlagertem Drall. Die numerische Simulation weist zwei große Wirbelstrukturen aus, wobei bei überlagertem Drall das eine Wirbelzentrum nach außen zur Zylinderwand hin abgedrängt wird.

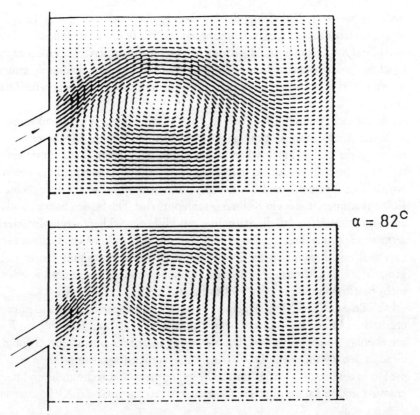

Abb. 6: Numerisch simulierte Strömung im Zylinder eines Kolbenmotors. Oben ohne, unter mit überlagertem Drall. Nach [3.5]

Da diese Ergebnisse experimentell noch nicht abgesichert waren, wurde im Aerodynamischen Institut ein Versuchsprogramm konzipiert, mit dem die Gültigkeit der numerischen Ergebnisse überprüft werden konnte. Wegen der großen experimentellen Schwierigkeiten wurde zunächst wieder das bekannte Lichtschnittverfahren verwendet, wobei als Versuchsmedium Wasser benutzt wurde. Die Tafeln XIV und XV zeigen die Bildung eines großen Ringwirbels am Ventilteller bei axialsymmetrischer Anordnung des Einlaßventils und bei ausmittiger Anordnung. Tafel XIVa zeigt eine Aufnahme der Strömung, in der sich der Kolben in der Nähe des oberen Totpunktes befindet. Tafel XIV b zeigt die gleiche Strömung mit dem Kolben in der Nähe des unteren Totpunktes. Die Versuche bestätigen eindeutig, daß sich zwei Ringwirbel bilden, ein Primärwinkel am Ventilteller und ein Sekundärwirbel mit größerem Radius in der Ecke, die von Zylinderwand und Zylinderdeckel gebildet wird. Während der Ansaugphase bildet sich noch ein weiterer Wirbelring, der auf dem Kolbenboden liegt, wie Tafel XIV b zeigt. Auch bei ausmittiger Anordnung des Ventils ist die Wirbelbildung zu erkennen (Tafel XV), jedoch sind die Ringwirbel stark distordiert. Wegen der asymmetrischen Druckverteilung kann längs der Wirbelachse eine Strömung einsetzen, die den Wirbel zum Zerfall zwingt, falls die durch den Hub gegebene Zeit ausreicht.

Ob die sich während der Ansaugphase ausbildenden Wirbelstrukturen auch während der Kompressionsphase erhalten bleiben, konnte mit dieser Versuchsordnung, die in [3.6] beschrieben ist, nicht geklärt werden. Dazu wurde ein zweiter Versuchsstand gebaut, in dem ein kompressibles Arbeitsmedium verwendet wurde. Der Versuchsstand für kompressible Strömung besitzt eine rechteckige Kolbenkammer, in der ein Kolben geschleppt wird. Die beiden Seitenwände sind aus Glas gefertigt, so daß die Strömung mit Hilfe der Schlieren- oder Interferometermethode beobachtet werden kann. Freon 12 wird als Versuchsmedium verwendet, weil mit diesem Gas die Dichtekonturen in der Strömung besser sichtbar gemacht werden können als mit Luft. Einzelheiten des Experiments werden hier nicht beschrieben, sie sind in [3.7] zu finden.

Die Bildserie Tafel XVI zeigt einen Vergleich von experimentell und numerisch ermittelten Linien konstanter Dichte. In dieser Versuchsreihe wurde ein Kolben mit ebenem Boden verwendet. Die Strömung trat unter einem Winkel von β = 45 Grad in den Zylinder ein. Das Verdichtungsverhältnis war ungefähr ε = 3.7, und die Drehzahl betrug etwa 530 min^{-1}. Die experimentell aufgenommenen Interferogramme sind links, die numerisch simulierten rechts auf Tafel XVI dargestellt.

Wie in der inkompressiblen Strömung bildet sich auch in der kompressiblen ein großer Wirbel. Die Mach-Zehnder-Interferogramme wie auch die numerischen Ergebnisse zeigen, daß diese Wirbelstrukturen in der Kompressionsphase erhalten bleiben (siehe die Bilder für die Kurbelwinkel 220 und 280 Grad). Dieser Vergleich bestätigt die Annahme, daß das Kräftegleichgewicht an einem Element für die dargestellten Phasen im wesentlichen aus Trägheits- und Druckkräften resultiert und daß Reibungskräfte während der Ansaug- und Kompressionsphase nur eine untergeordnete Rolle spielen. Die numerische Simulation beschreibt die Ausbildung der Wirbelstruktur in guter Übereinstimmung mit dem Experiment. Weitere Einzelheiten dieser Untersuchung sind in [3.8] zu finden.

In [3.8] werden auch erste Ergebnisse numerischer Simulation dreidimensionaler Strömungen in Zylindern von Kolbenmotoren mitgeteilt. Die Asymmetrie der Strömung wurde durch ausmittig angeordnete Ventile erzwungen. In der Rechnung mußte, um eine hinreichende numerische Auflösung zu gewähren, Strömungssymmetrie in bezug auf die Ebene, die durch die Zylinder- und Ventilachse aufgespannt wird, angenommnen werden. Die Drehzahl betrug 3000 min^{-1}.

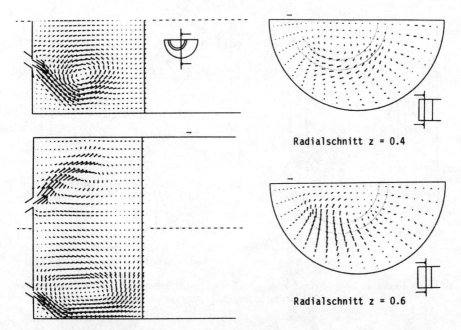

Abb. 7: Räumliche Strömung im Zylinder eines Kolbenmotors, berechnet für ausmittig angeordnetes Einlaßventil. Nach [3.8]. Einzelheiten siehe Text. Ausbildung des Primärwirbels während der frühen Einlaßphase

Abb. 8: Räumliche Strömung im Zylinder eines Kolbenmotors, berechnet für ausmittig angeordnetes Einlaßventil. Nach [3.8]. Einzelheiten siehe Text. Entstehung der Drallströmung während der Einlaßphase

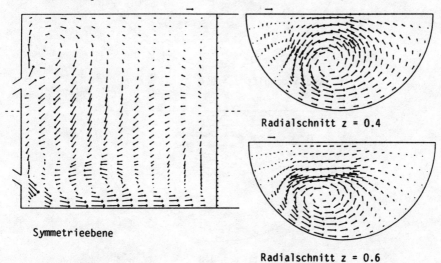

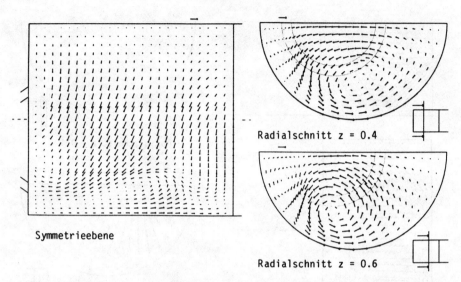

Abb. 9: Räumliche Strömung im Zylinder eines Kolbenmotors, berechnet für ausmittig angeordnetes Einlaßventil. Nach [3.8]. Drallströmung in der Nähe des unteren Totpunktes

Abb. 10: Räumliche Strömung im Zylinder eines Kolbenmotors, berechnet für ausmittig angeordnetes Einlaßventil. Nach [3.8]. Änderung der Drallströmung während der Kompression

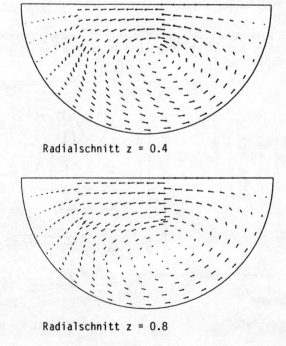

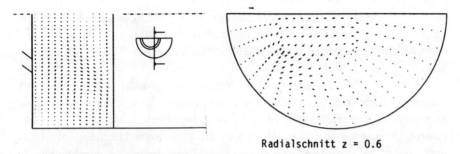

Radialschnitt z = 0.6

Abb. 11: Räumliche Strömung im Zylinder eines Kolbenmotors, berechnet für ausmittig angeordnetes Einlaßventil. Nach [3.8]. Wirbelverteilung im oberen Totpunkt

Die Ergebnisse dieser Rechnungen sind in den Abb. 7 bis 11 dargestellt. In der Anfangsphase des Einlaßtaktes (Kurbelwinkel α ist 72 Grad, abgekürzt mit 72°CA) bilden sich zwei asymmetrische Wirbelringe aus, die durch den eintretenden Gasstrahl erzeugt werden. Der Primärwirbel füllt den Zylinder nahezu aus. Auch der relativ schwache Sekundärwirbel ist in der Ecke zu erkennen. Gleichzeitig beginnt eine Strömung in Umfangsrichtung. Bei doppeltem Kurbelwirbel (144°CA in Abb. 8) ist der toroidale Wirbel distordiert, ähnlich wie es in den Versuchen mit inkompressiblen Versuchsmedien zu beobachten war, und der Sekundärwirbel ist schon verschwunden. Die Strömung wird jetzt durch Drall dominiert, der deutlich in den Radialschnitten in Abb. 8 und 9 zu erkennen ist. Während des Kompressionstaktes findet im Gegensatz zur ebenen Strömung (Abb. 10 und 11) noch einmal eine Umverteilung der Wirbelstärke statt, wie die Geschwindigkeitsvektoren in den beiden genannten Bildern andeuten.

Obwohl zur vollständigen Beschreibung von Zylinderinnenströmungen noch eine beträchtliche Entwicklungsarbeit geleistet werden muß, zeigen die hier dargestellten Ergebnisse, daß die wesentlichen Charakteristika der Strömung mit der Lösung der Euler-Gleichungen erfaßt werden können: Während der Ansaug- und Kompressionsphase bilden sich komplexe Wirbelstrukturen aus. Diese müssen in zukünftigen Arbeiten weiter untersucht werden. Schließlich muß der Einfluß der Reibungskräfte auf die Strömung analysiert werden.

4. Modellierung biomedizinischer Prozesse

4.1 Einführung in die Problemstellung

In diesem Kapitel wird über die mathematische Modellierung biomedizinischer Prozesse und deren Simulation mit Hochleistungsrechnern berichtet. Der numerischen Simulation solcher Prozesse muß große Bedeutung beigemessen werden, da sich viele Anwendungsmöglichkeiten bieten, wenn hinreichende Informationen über die betrachteten biologischen Gefäße und deren Wandungen bekannt sind.

Die wenigen vorliegenden Ergebnisse deuten darauf hin, daß sich hier ein bisher wissenschaftlich noch unerschlossenes Gebiet öffnet, das eine enge interdisziplinäre Zusammenarbeit zwischen Physiologen, Ingenieuren, Mathematikern und Informatikern erfordern wird. Es besteht die berechtigte Hoffnung, mit Hilfe numerischer Simulationen sonst notwendige Tierexperimente einschränken zu können. Die folgenden Betrachtungen sollen einen Einblick in die Möglichkeiten geben, die die genannten Methoden bieten.

Die Arbeiten, über die hier berichtet wird, wurden im Rahmen des Sonderforschungsbereichs 109 „Künstliche Organe, Modelle und Organersatz" gefördert. Zu den Aufgaben, die das Aeordynamische Institut im Rahmen dieses Forschungsprogramms zu lösen hatte, gehörten die Simulation der mechanischen Funktionen des linken Herzens, Entwurf und Erprobung eines Links-Herz-Assist-Systems, die strömungsmechanische Erprobung künstlicher Herzklappen und die Untersuchung der strömungsbedingten Blutschädigung. Außerdem wurde auch der peristaltische Transport im Ureter untersucht; jedoch soll hier nicht darüber berichtet werden. Der interessierte Leser sei auf [4.1] verwiesen. Hier wird im wesentlichen auf Untersuchungen der Links-Herz-Assistierung eingegangen. Wie auch in anderen Gebieten ist bei der numerischen Simulation biomedizinischer Prozesse die Überprüfung der Ergebnisse auf ihre Realitätsnähe eine wichtige Teilaufgabe der gesamten Problematik. Aus diesem Grunde wurden die mechanischen Funktionen des linken Herzens zunächst experimentell mit Hilfe eines elektronischhydraulisch gesteuerten Kreislauf-Linksherz-Simulators simuliert. Nach Fertigstellung und Erprobung dieses Simulators konnten Druck- und Volumenverläufe generiert werden, die pysiologischen und auch phathologischen Bedingungen entsprachen. Auch konnten damit Regurgitationsraten künstlicher Herzklappen und Anschlußbedingungen für Links-Herz-Assist-Systeme ermittelt werden. Ferner konnte die wichtige Frage nach dem möglichen Entlastungsgrad bei einer Links-Herz-Assistierung in Abhängigkeit von der Phasendifferenz zwischen dem Herzen und dem Assistsystem beantwortet werden.

Nach erfolgreichem Abschluß der experimentellen Arbeiten wurde die Simulation der Funktionen des linken Herzens und der Anschluß eines Assist-Systems mit Hilfe eines Hochleistungsrechners simuliert. Dabei wurde die Funktion jedes Elements durch eine gewöhnliche Differentialgleichung dargestellt, die die Druck- und Volumenbeziehungen in Abhängigkeit von der Zeit unter Berücksichtigung des Wandverhaltens beschreibt. Das so resultierende System nichtlinearer gewöhnlicher Differentialgleichungen wurde numerisch gelöst. Die numerisch ermittelten

Druck- und Volumenverläufe, die Entlastungsgrade wie auch andere Charakteristika zeigten gute Übereinstimmung mit experimentellen Daten. Zunächst wird die experimentelle Simulation kurz beschrieben, im Anschluß daran werden Beispiele für numerische Simulationen diskutiert.

4.2 Experimentelle Kreislaufsimulation

Der zur Simulation des natürlichen Kreislaufs verwendete Modellkreislauf wurde von STEINBACH [4.2] 1981 im Aerodynamsichen Institut entwickelt. Dieser Modellkreislauf ist in seiner experimentellen Verifizierung in der Lage, die wesentlichen Eigenschaften des menschlichen Kreislaufs zu reproduzieren. Aus strömungsmechanischer Sicht dient der menschliche Kreislauf hauptsächlich der Ver- und Entsorgung der Körperzellen. Er besteht aus einem Leitungssystem, das aufgegliedert ist in den Körperkreislauf und den Lungenkreislauf. Der Körperkreislauf, der schematisch in Abb. 12 dargestellt ist, beginnt mit der Aorta im linken

Abb. 12: Schematische Darstellung des menschlichen Kreislaufs. Nach [4.3]

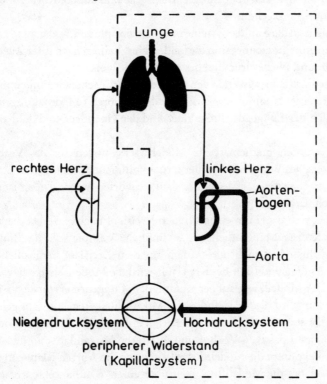

Ventrikel. Von der Aorta gehen mehrere parallel geschaltete Teilkreisläufe ab, die jeweils das Herz, den Darm und die Leber, das zentrale Nervensystem und die Muskulatur versorgen Die Teilkreisläufe enden in der großen Hohlvene, die das venöse Blut zur Vorkammer des rechten Herzens zurückführt. Der vom linken Ventrikel aufgebrachte Druck ist im wesentlichen zur Durchströmung der Kapillarsysteme der Teilkreisläufe erforderlich.

Lungenkreislauf und Körperkreislauf sind in Reihe angeordnet. Der Lungenkreislauf beginnt im rechten Ventrikel, durchströmt die Lunge, wo das Blut oxygeniert wird, und führt zur Vorkammer des linken Herzens zurück.

Das Herz ist eine zweikammrige Pumpe mit jeweils einer Vorkammer, dem Vorhof, und je zwei Herzklappen. Sie sind im Zustrom zu den Ventrikeln zwischen Vorhof und Ventrikel und am Auslaß von den abführenden Gefäßen angeordnet.

Das Transportmedium des Kreislaufs ist das Blut. Mit dem Blut gelangt O_2 von der Lunge zu den Zellen. Das bei der Verbrennung in den Zellen entstehende CO_2 wird durch das Blut zur Lunge zurücktransportiert. Auch die Versorgung der Zellen mit Nährstoffen wird vom Blut übernommen, ebenso wie der Abtransport der Verbrennungsprodukte. Die bei der Verbrennung entstehende Wärme wird vom Blut aufgenommen und über Lunge, Atemwege und äußere Körperoberfläche an die Umgebung abgegeben.

In Abb. 12 sind die Kapillarsysteme zu einem peripheren Widerstand zusammengefaßt. Getrennt gezeichnet sind die beiden Herzhälften nach ihrer Zugehörigkeit zum Hoch- und Niederdruckteil des Körperkreislaufs.

Im Modellkreislauf wird nur der von der unterbrochenen Linie umschlossene Teil des Kreislaufs simuliert, das sind der venöse Teil des Lungenkreislaufs einschließlch der Lunge, das linke Herz und der Hochdruckteil des Körperkreislaufs.

In [4.2] wurden mathematische Modellvorstellungen für das Verhalten des Herzmuskels, des Ventrikels und der Druckvolumenbeziehungen in Einzelheiten diskutiert, nach denen der Modellkreislauf entworfen wurde. Dieser ist in Abb. 13 schematisch dargestellt.

Es handelt sich dabei um einen offenen Kreislauf nach [4.3]. Das bedeutet, daß das in den Kreislauf hineinfließende sekündliche Volumen der das Blut ersetzenden Modellflüssigkeit nicht gleich dem aus dem Kreislauf herausfließenden ist. Zwischen Anfang und Ende des Kreislaufs wird die Modellflüssigkeit zwischengespeichert. Der Modellkreislauf beginnt mit dem Lungenreservoir (Abb. 13). In diesem Reservoir wird die Spiegelhöhe der Modellflüssigkeit konstant gehalten und somit ein konstanter Druck erzeugt. Aus dem Reservoir fließt die Modellflüssigkeit durch einen passiven Vorhof und durch die Mitralklappe in den Ventrikel. Der Ventrikel pumpt die Modellflüssigkeit durch die Aorten-Klappe in die Aorta. Von dort gelangt die Modellflüssigkeit über einen Windkessel, dargestellt durch

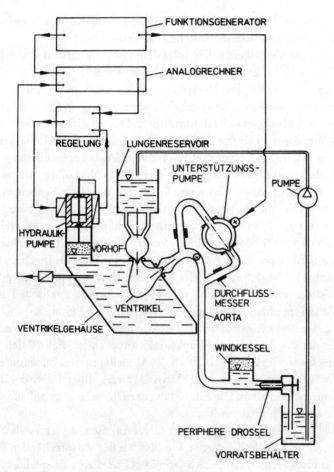

Abb. 13: Schematische Darstellung des Modellkreislaufs. Nach [4.3]

einen starren Behälter mit einem kompressiblen Luftpolster über der Flüssigkeit, und eine Drossel in einen Vorratsbehälter. Eine Kreiselpumpe fördert die Modellflüssigkeit zurück zum Lungenreservoir.

Die einzelnen Teile des Modellkreislaufs, wie Vorhof, Ventrikel und Aorta, wurden nach Gefäßausgüssen den entsprechenden menschlichen Organen nachgeformt und aus Polyurethan hergestellt. Die Gefäßausgüsse stellte das pathologische Institut der RWTH Aachen (Leitung: Prof. Dr. med. CH. MITTERMAYER) zur Verfügung.

Bedingt durch die Eigenschaften des verwendeten Polyurethans konnte die Aorta nicht mit ausreichender Elastizität gegossen werden. Deshalb wurde der Aorta der schon erwähnte Windkessel mit variabler Elastizität nachgeschaltet.

Den Abschluß der Aorta bildet eine Drossel, die den Druckabfall zwischen dem arteriellen und venösen Kreislaufabschnitt simuliert.

Der Aufbau des Ventrikelantriebs folgt dem Herzmuskelmodell von GROOD et al. [4.4]. Der Ventrikel ist in einem rhombenförmigen, mit Wasser gefüllten Ventrikelgehäuse angeordnet. Das Ventrikelgehäuse schließt ab mit einem Zylinder, in dem sich ein hydraulisch betriebener Kolben bewegt. Zwischen Kolben und Wasseroberfläche befindet sich ein Luftpolster. Das parallelelastische Element des in [4.2] beschriebenen Herzmuskelmodells wird durch die Dehnbarkeit der aus Polyurethan bestehenden Ventrikelwand, das serienelastische Element durch die Elastizität des Luftpolsters dargestellt. Der Hydraulikkolben übernimmt die Funktion des kontraktilen Elements. Gesteuert wird der Kolben von einem Analogrechner, der die momentan erforderliche Kolbenstellung berechnet. Der Verlauf des aktiven Zustands wird von einem Funktionsgenerator bereitgestellt.

Als Einlaßklappe für den künstlichen Ventrikel wird eine Björk-Shiley-Klappe BS27, als Auslaßklappe eine in Aachen im Institut für Kunststofftechnik (Leitung: Prof. Dr.-Ing. G. MENGES) entwickelte künstliche Herzklappe AT-3 verwendet.

Der Funktionsgenerator kann bis zu sechs verschiedene zyklische Funktionen zu je 48 Werten speichern. Die Funktionen werden vom Funktionsgenerator zeitlich ausgegeben und können zeitlich gegeneinander verschoben werden. Die Frequenz, mit der die Ausgabe der Funktionen möglich ist, richtet sich nach der Taktzeit des Generators. Den Abschluß des Modellkreislaufs bildet die periphere Drossel. Der Öffnungsquerschnitt der Drossel ist verstellbar. Er wird während der Messung konstant gehalten. Die Einstellung der Drossel erfolgt anhand der aufgezeichneten Kurven des Aortendrucks.

Als Modellflüssigkeit wird eine Wasser-Glyzerinmischung verwendet, die annähernd die gleiche Zähigkeit aufweist wie Blut bei den entsprechenden Reynolds-Zahlen. Für eine Versuchstemperatur von 34 °C wird zum Beispiel die Zähigkeit auf 3 cP eingestellt, was der Zähigkeit von Blut entspricht. Da die Zähigkeitsbestimmung im Kreislauf schwierig ist, wird die Dichte des Modellfluids gemessen und die Zähigkeit durch Zugabe von Wasser oder Glyzerin eingestellt. Der Kreislauf wird bei seiner Beharrungstemperatur von 34 °C betrieben.

Eingangsgröße für den künstlichen Kreislauf ist der Druck im Lungenreservoir. In der menschlichen Lunge liegt der Druck nach [4.5] bei 0,8–1,33 kPa, der systolische Druck im linken Vorhof bei 1–1,6 kPa. Da der linke Vorhof im Kreislaufmodell passiv arbeitet, wird für die Messungen der Druck im Lungenreservoir auf 1,6 kPa festgelegt.

Bei den Versuchen zur Erprobung des Modellkreislaufs wird der zeitliche Verlauf des Ventrikeldrucks P, des Drucks in der Aorta P_{AO} und des Innenvolumens V registriert. Der zeitliche Verlauf dieser Größen ist in Abb. 14 dargestellt. Auf der linken Seite sind die entsprechenden Kurvenverläufe, die für den menschlichen

Numerische Strömungssimulation 117

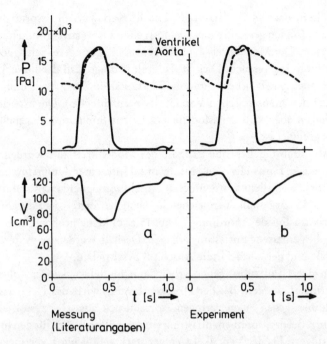

Abb. 14: Verlauf des Ventrikel- und Aortendrucks (oben) und des Ventrikelvolumens (unten). Nach [4.3]

Abb. 15: Untersuchte Pumpanordnungen. Nach [4.3]
  a) aorta-aortale Anordnung
  b) atrio-aortale Anordnung
  c) ventrikulo-aortale Anordnung

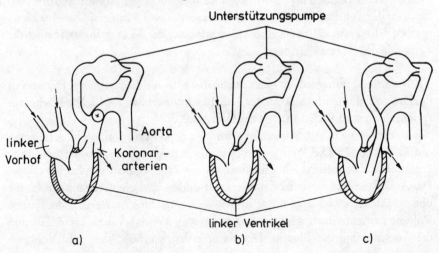

Körper gelten, nach [4.5], dargestellt. Die Kurven wurden ursprünglich durch Messung an Hunden gewonnen. Nach [4.5] gelten sie bis auf Einzelheiten auch für den Menschen. Der Modellkreislauf liefert ein etwas geringeres Schlagvolumen im Vergleich zum Tierversuch. Dies ist dadurch bedingt, daß der linke Vorhof im Kreislaufmodell passiv arbeitet und die Elastizität des Ventrikels und der Aorta nicht genau den menschlichen Verhältnissen entsprechen. Die experimentellen Kurven zeigen aber, daß der Modellkreislauf zur Simulation des menschlichen Kreislaufs geeignet ist.

Nach Abschluß der Erprobungsphase des Modellkreislaufs wurden Versuche zur temporären Links-Herz-Entlastung mit Hilfe einer Unterstützungspumpe durchgeführt. Vor allem wurden deren Anschlußmöglichkeiten untersucht. Sie sind in Abb. 15 dargestellt. Vergleichende Versuche zeigten, daß die aorta-aortale und ventrikulo-aortale Anordnung (Abb. 15 a, c) keine großen Unterschiede in bezug auf die gemessene Entlastung ergaben. Deshalb werden im weiteren nur der atrio-aortale und der aorta-aortale Anschluß beschrieben.

Die vom Herzen aufzubringende Arbeit kann durch Druck- oder Volumenentlastung verringert werden. Bei der Druckentlastung wirft das Herz das normale Schlagvolumen gegen einen geringen Aortendruck aus. Der systolische Druck bleibt gering. Bei der Volumenentlastung wird das Blutangebot für den linken Ventrikel verringert. Da der Ventrikel weniger stark gefüllt wird, verringert sich die Kontraktion des Herzens. Es wird ein kleineres Blutvolumen bei geringerem systolischem Druck gefördert.

Die zur Förderung notwendige Energie bezieht das Herz hauptsächlich durch oxidativen Abbau von Nährstoffen. Der O_2-Verbrauch ist deshalb ein Maß für die Beanspruchung des Herzens. Nach [4.6] ist der O_2-Verbrauch einer Herzmuskelfaser von Größe und Dauer der Faserbelastung abhängig. Als Bezugsgröße hierfür dient der Tension-Time Index (TTI), der als das Druckintegral über eine Herzperiode definiert ist. Wird bei einer Herzentlastung der TTI verringert, ist auch die Belastung des Herzens geringer.

Ein weiteres, bisher jedoch nicht erfaßbares Maß für die Arbeit des Herzens ist das Druck-Volumen-Integral, in der Abb. 16 schraffiert dargestellt. Die Fläche entspricht der mechanischen Arbeit des Herzens.

Bei der aorta-aortalen Anordnung sind Ventrikel und Pumpe in Serie angeordnet (Abb. 17). Die Pumpe wird am Aortenbogen angeschlossen und ohne Einlaßklappe betrieben. Als Einlaßklappe der Pumpe dient die Aortenklappe. Der Auslaß der Pumpe ist mit der Aorta verbunden. Zwischen Abgang zur Pumpe und Rückleitung von der Pumpe ist die Aorta verschlossen. Beginnt die Pumpe Volumen auszutreiben, wird ein Teil davon zum Ventrikel zurückgefördert und die Aortenklappe geschlossen. Der Kammerdruck erhöht sich, und Volumen

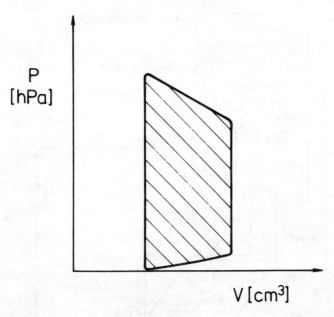

Abb. 16: Arbeit des Herzens. Druck-Volumen-Diagramm

wird in die Aorta gefördert. Bei erniedrigtem Druck wird die Kammer wieder vom Ventrikel gefüllt.

Die Wirksamkeit einer aorta-aortalen Herzunterstützung hängt stark vom Druck, gegen den der Ventrikel fördern muß, ab. Die beste Entlastung wird dann erreicht, wenn zu Beginn der Systole der Druck im Aortenbulbus bis auf Umgebungsdruck gesenkt wird. Die Druckabsenkung wird durch Absaugen durch die Pumpe erreicht.

Das Zeitintervall Δt, das der Winkeldifferenz Φ entspricht, ist diejenige Zeit, die die Pumpe benötigt, um den Druck im Aortenbulbus zu senken. Versuche haben gezeigt, daß der Beginn der Systole mit dem Beginn des Anstiegs der Ventrikelfunktion übereinstimmt (Abb. 18, Kurve a). Beginn des Anstiegs der Ventrikelfunktion und Abfall der Pumpfunktion sind im Funktionsgenerator vorgegeben. Die Phasenverschiebung Φ wird definiert als Winkel zwischen diesen beiden Punkten, $\Phi = 360° - \Phi'$. Neben der Länge der Anschlußschläuche werden Pulsfrequenz und Phasenverschiebung verändert. Einzelheiten dieser Messungen sind in [4.3] dargestellt.

Als Beispiele für die Meßergebnisse seien im folgenden nur die Druck-Volumen-Diagramme für eine Pulsfrequenz von 70 min^{-1} und eine festgehaltene Länge von 20 cm des Anschlußschlauches wiedergegeben. Die Phasendifferenz Φ wird dabei als Parameter angegeben. Die Druck-Volumen-Diagramme des Ventrikels bei

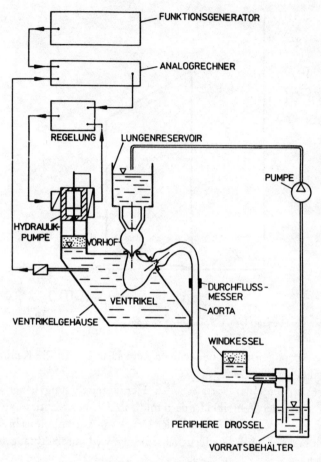

Abb. 17: Modellkreislauf mit angeordneter Unterstützungspumpe in aortaler Position. Nach [4.4]

Anschluß der Unterstützungspumpe sind in Abb. 19 schraffiert dargestellt. Zum Vergleich dazu ist das Diagramm, gemessen ohne Einsatz der Unterstützungspumpe, in Abb. 19 eingetragen.

Zu erkennen ist die Entlastung des Ventrikels bei einer Phasenverschiebung von $\Phi = 338$ und der Belastung für $\Phi = 142$ Grad. Für $\Phi = 232$ Grad ist die Entlastung des Ventrikels geringer, da die Unterstützungspumpe schon während der Ventrikelsystole auszuwerfen beginnt, und somit am Ende der Ventrikelsystole einen hohen Gegendruck im Aortenbulbus erzeugt. Bei $\Phi = 82$ Grad ist zu Anfang der Systole der Druck im Aortenbulbus hoch. Entsprechend steigt auch der Ventrikeldruck. Mit Beginn der Pumpaktion fällt der Druck im Aortenbulbus und im Ventrikel schnell ab.

Numerische Strömungssimulation

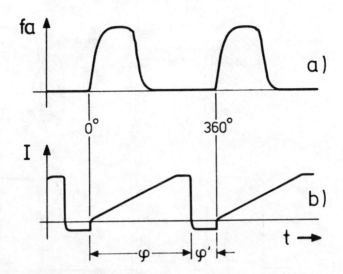

Abb. 18: Erregungsfunktion. Nach [4.3]
    a) des Ventrikels
    b) der Pumpe

Abb. 19: Arbeitsdiagramm des Ventrikels bei verschiedenen Phasenverschiebungen, Pulsfrequenz 70 1/min. Nach [4.3]

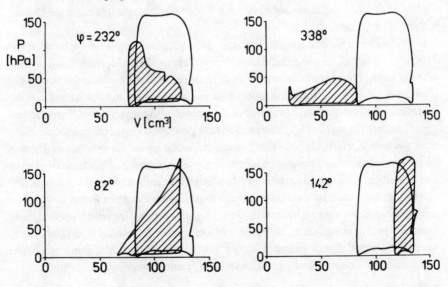

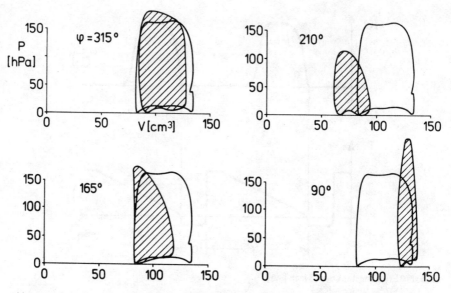

Abb. 20: Arbeitsdiagramm des Ventrikels bei verschiedenen Phasenverschiebungen, Pulsfrequenz 70 l/min. Atrio-aortale Unterstützung. nach [4.6]

Als weiteres Beispiel sind für den Fall der atrio-aortalen Unterstützung die Druck-Volumen-Diagramme in Abb. 20 dargestellt. Pulsfrequenz und Länge des Anschlußschlauches sind unverändert. Hier wird eine gute Entlastung bei einer Phasenverschiebung von Φ = 210 Grad beobachtet. Auch für Φ = 90 Grad ergibt sich eine Volumenentlastung, aber der Ventrikel erzeugt einen hohen Druck. Der Ventrikel arbeitet gegen das hohe, von der Unterstützungspumpe erzeugte Druckniveau in der Aorta.

Diese beiden Beispiele zeigen, daß mit dem vorgestellten Kreislaufmodell die Möglichkeit der Entlastung des linken Ventrikels in seiner Mechanik untersucht werden kann. Dies beruht im wesentlichen darauf, daß die Ventrikelaktion nicht starr an die Anregungsfunktion gekoppelt ist, sondern auf die Änderung der die Herztätigkeit beeinflussenden Zu- und Abströmbedingungen des Ventrikels reagiert. Untersucht werden können auch andere Bautypen von Unterstützungspumpen, wie z. B. Kreiselpumpen oder Aorten-Ballonpumpen. Ebenso ist der Einsatz nicht-herzsynchroner Pumpen möglich. Ein noch bestehender Nachteil des Kreislaufmodells ist, daß die Elastizität der Modellgefäße anders ist als die der menschlichen Gefäße. Auch ist das Auswechseln der Gefäße, etwa um deren Geometrie oder Elastizität zu ändern, sehr zeitaufwendig. Ebenso bedingt die Untersuchung verschiedener Anordnungen der Unterstützungspumpe jeweils den Umbau des Kreislaufmodells. Nach jedem Umbau kommt bei Inbetriebnahme noch ein beträchtlicher Zeitaufwand zum Eichen der Datenerfassungssysteme hinzu.

4.3 Numerische Kreislaufsimulation

Im Anschluß an die experimentellen Untersuchungen zur Kreislaufsimulation und zur Links-Herz-Unterstützung wurde ein theoretisches Modell entworfen, mit dem das zeitabhängige Druck- und Volumenverhalten im Kreislauf wie auch die Wirkung von Unterstützungssystemen auf das Herz untersucht werden können. Hierzu wird angenommen, daß die Druck- und Volumenverläufe der einzelnen Elemente durch nichtlineare gewöhnliche Differentialgleichungen beschrieben werden können, die mit Hilfe numerischer Methoden auf Hochleistungsrechnern gelöst werden. Druck- und Volumenverläufe können dann zeitecht graphisch dargestellt werden. Dabei können auch physiologische Bedingungen durch Parametervariation verändert und unter Umständen pathologische Zustände simuliert werden.

Wie schon angedeutet, wird der in Abb. 12 umrandete Teil des Kreislaufs für die numerische Simulation in einzelne Elemente zerlegt. Diese sind Lunge, Ventrikel, Aortenborgen, Aorta und die peripheren Gefäße. Ferner wird angenommen, daß die einzelnen Elemente durch starre Leitungen verbunden sind. Bei den Gefäßen wird die Wandelastizität berücksichtigt. Der Druckverlauf wird durch einen vorgegebenen Verlustbeiwert berücksichtigt. So wird zum Beispiel für eine Herzklappe ein zeitlich variabler Druckverlustbeiwert angenommen. Die einzelnen Elemente sind schematisch in Abb. 21 dargestellt. Einzelheiten des mathematischen Modells sind in [4.3] beschrieben. Hier sei nur erwähnt, daß das Integrationsverfahren sehr flexibel gestaltet ist und verschiedene Parameter variiert werden können, so zum Beispiel der Druck in der Lunge und in der Peripherie, die Widerstände der Leitungen, die Pulsfrequenz, die Abmessungen der Gefäße und Leitungen und die Höhe der Aktivierung des Ventrikels. Abb. 22 zeigt beispielhaft einen berechneten zeitlichen Druckverlauf in der Aorta und im Ventrikel und den Verlauf des Ventrikelvolumens. Der errechnete Druckverlauf zeigt gute Übereinstimmung mit den in [4.7] angegebenen Kurven. Auch das geförderte Volumen hat in beiden Abbildungen die gleiche Größe, jedoch arbeitet der Ventrikel in der Rechnung auf

Abb. 21: Elemente des Kreislaufs. Elemente: 1 Lunge, 3 Ventrikel, 5 Aortenbogen, 7 Aorta, 9 Peripherie; Klappen: K 1 Mitralklappe, K 2 Aortenklappe. Nach [4.3]

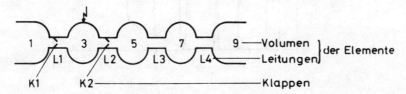

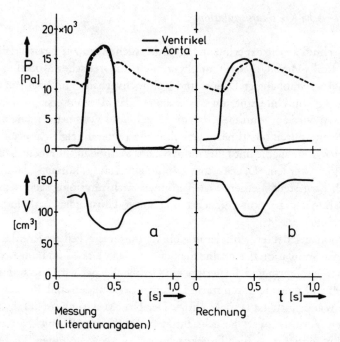

Abb. 22: Druck- und Volumenkurven
  a) Kurven entnommen aus [4.7]
  b) Kurven nach Rechnung in [4.3]

Abb. 23: Einfluß des Volumenfaktors auf die Ventrikelaktion. Vordruck: a = 200 Pa, b = 300 Pa, c = 500 Pa, d = 1500 Pa, e = 3000 Pa. Nach [4.3]

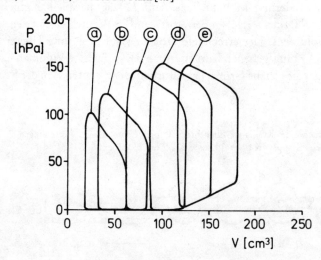

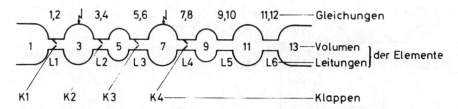

Abb. 24: Theoretisches Modell zur Simulation der aorta-aortalen Herzunterstützung. Elemente: 1 Lunge, 3 Ventrikel, 5 Leitung zur Pumpe, 7 Pumpe, 9 Leitung von der Pumpe, 11 Aorta, 13 Peripherie; Klappen: K 1 Mitralklappe, K 2 Aortenklappe, K 3 fiktive Klappe, K 4 Pumpenauslaßklappe. Nach [4.3]

einem höheren Volumenniveau. Dies ist begründet in der Form der gewählten Ruhe-Dehnungskurve, die ebenfalls [4.7] entnommen ist. Das theoretische Modell ist durchaus in der Lage, den Frank-Starling-Mechanismus zu simulieren. Abb. 23 zeigt die Abhängigkeit der Kontraktionsfähigkeit des Ventrikels von der enddiastolischen Füllung. Aufgezeichnet sind die Druck-Volumen-Diagramme des linken Ventrikels bei verschiedenen Lungendrücken für eine Pulsfrequenz von 70 min^{-1}.

Auch die Links-Herz-Entlastung kann mit dem theoretischen Modell zeitecht simuliert werden. Zur Simulation der aorta-aortalen Herzunterstützung wurde das in Abb. 21 gezeigte Kreislaufmodell durch zwei Elemente (Abb. 24) erweitert. Aortenbogen und die Leitung zur Pumpe sind zu einem Element zusammen-

Abb. 25: Berechnete Druck-Volumen-Diagramme des Ventrikels. Pulsfrequenz 70 l/min. Nach [4.3]

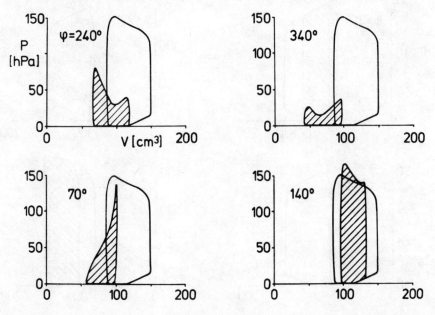

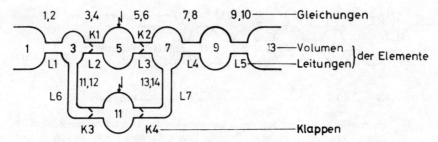

Abb. 26: Theoretisches Modell zur Simulation der atrio-aortalen Herzunterstützung. Elemente: 1 Lunge, 3 Vorhof, 5 Ventrikel, 7 Aortenbogen, 9 Aorta, 11 Pumpe, 13 Peripherie; Klappen: K 1 Mitralklappe, K 2 Aortenklappe, K 3 Pumpeneinlaßklappe, K 4 Pumpenauslaßklappe. Nach [4.3]

gefaßt. Die Leitung von der Pumpe zur Aorta bildet wie die Unterstützungspumpe ein eigenes Element. Als Beispiel für ein Ergebnis der Rechnung sind in Abb. 25 die Druck-Volumen-Diagramme des Ventrikels für verschiedene Phasenverschiebungen dargestellt. Zum Vergleich ist wieder das bei der Kreislaufsimulation ohne Unterstützungspumpe berechnete Druck-Volumen-Diagramm eingezeichnet. Die maximale Entlastung des Ventrikels bei 340 Grad Phasenverschiebung ist deutlich zu erkennen. Vergleicht man die rechnerisch ermittelten

Abb. 27: Errechnete Druck-Volumen-Diagramme des Ventrikels. Pulsfrequenz 70 l/min. Nach [4.3]

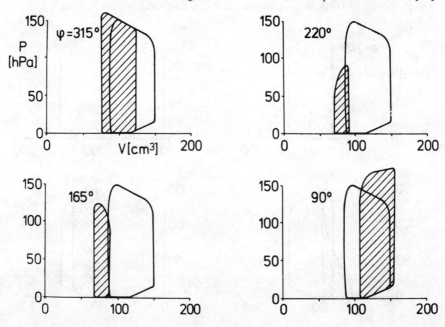

Ergebnisse mit den in Abb. 19 dargestellten experimentellen Daten, erkennt man die gute Übereinstimmung in Form und Größe der einzelnen Druck-Volumen-Diagramme. Die Abweichungen sind auf das ungleiche elastische Verhalten der einzelnen Kreislaufelemente bei der numerischen und experimentellen Simulation zurückzuführen.

Auch für die atrio-aortale Herzunterstützung gelingt die numerische Simulation. Hierbei wird, wie in Abb. 26 dargestellt, die Pumpe parallel zum Ventrikel angeordnet. Das theoretische Modell enthält einen passiven Vorhof, aus dem Flüssigkeitsvolumen von der Pumpe abgesaugt wird. Die Pumpe ist wie bei der experimentellen Simulation mit zwei Klappen ausgerüstet. Als Beispiel für die aus der numerischen Simulation der atrio-aortalen Herzunterstützung gewonnenen Ergebnisse sind in Abb. 27 die Druck-Volumen-Diagramme für vier verschiedene Phasenverschiebungen dargestellt. Die schraffierten Diagramme stellen wieder die vom Herzen zu leistende Restarbeit bei Einsatz der Unterstützungspumpe dar. Zum Vergleich ist jeweils das Druck-Volumen-Diagramm des nicht entlasteten Ventrikels mit dargestellt.

Das Druck-Volumen-Diagramm für $\Phi = 220$ Grad zeigt eine gute Enlastung des Ventrikels. Deutlich ist eine Verringerung des Pumpvolumens zu erkennen. Die Druckentwicklung im Ventrikel ist höher als bei der aorta-aortalen Herzentlastung. Für die Phasenverschiebungen $\Phi = 90$ Grad und $\Phi = 315$ Grad ist die technische Arbeit des Ventrikels angestiegen. Vergleicht man die experimentell gewonnenen Entlastungsdiagramme, dargestellt in Abb. 20, mit denen der numerischen Integration, so zeigt sich ein ähnliches Verhalten. Die Unterschiede sind dadurch begründet, daß die Elastizitäten im experimentellen Kreislauf und im numerischen Modell nicht übereinstimmten.

Das hier dargestellte Modell ist ein erster Versuch, biomedizinische Vorgänge mit Hilfe von Hochleistungsrechnern zu simulieren. Das theoretische Modell kann in vieler Hinsicht erweitert werden. Durch Änderung der Geometrie und der Elastizität lassen sich zum Beispiel Gefäßveränderungen wie Stenosen und deren Auswirkung auf die Strömung im Kreislauf untersuchen.

5. Schlußbetrachtung

Es war das Anliegen der vorliegenden Arbeit, die Anwendung numerischer Methoden bei der Lösung strömungsmechanischer Probleme aufzuzeigen. Ausgehend von aerodynamischen Entwurfsproblemen wurde dargestellt, wie Lösungen der Erhaltungsgleichungen für Masse, Impuls und Energie zur Ermittlung der Strömungskräfte an Tragflügelprofilen, Tragflügeln und Rumpfkonfigurationen verwendet werden können. Ferner wurde gezeigt, daß numerische Lösungen durchaus in der Lage sind, der Sensitivität schallnaher Strömungen zu folgen, obwohl der laminar-turbulente Umschlag und der Impuls- und Energieaustausch in turbulenten Strömungen noch nicht vollständig verstanden werden. Mit numerischen Methoden können heute Strömungen um Tragflügel mit großer wie auch mit kleiner Streckung mit annehmbarer Genauigkeit beschrieben werden. Der an Deltaflügeln beobachtete Vorgang des Wirbelaufplatzens kann heute in seinen groben Strukturen mit Supercomputern simuliert werden.

Zukünftige Arbeiten zur Auslegung von Hyperschallflugzeugen für den Hochgeschwindigkeitsflug werden sich in zunehmendem Maße auf den numerischen Entwurf verlassen. Schon jetzt können Flugzeugkonfigurationen für realistische Flugbedingungen in bezug auf ihre thermische und mechanische Belastung bei hypersonischen Geschwindigkeiten mit numerischen Methoden analysiert werden.

Die in der Aerodynamik entwickelten Lösungsmethoden finden in zunehmendem Maße auch Anwendung bei der Berechnung komplexer Innenströmungen. Es ist zu erwarten, daß in naher Zukunft räumliche Gitterströmungen, Strömungen in Armaturen und in Zylindern von Kolbenmotoren mit zunehmender Sicherheit berechnet werden können. Vor allem werden dabei große räumliche Wirbelstrukturen und zeitabhängige Strömungsvorgänge erfaßt werden können.

Numerische Lösungsverfahren können auch Anwendung finden bei der Berechnung biologischer Strömungen. Für das Beispiel der Kreislaufsimulation wurde gezeigt, wie Druck-Volumenverläufe im linken Herzen mit numerischen Methoden ermittelt werden können. Es bestehen berechtigte Hoffnungen, daß in Zukunft auch Tierexperimente mit Hilfe von Computersimulationen eingespart werden können.

Die bisher erarbeiteten Ergebnisse lassen erkennen, daß für die hier beschriebenen Entwicklungen in Zukunft eine enge Zusammenarbeit zwischen den einzelnen wissenschaftlichen Disziplinen erforderlich sein wird; aber auch, daß die Simulation physikalischer Vorgänge mit Hilfe von Supercomputern gerade erst das Anfangsstadium durchschritten hat.

Literatur

2. Kapitel

[2.1] KRAUSE, E.: From the Kármán-Trefftz-Profile to CAST-7 – 75 Years Aerodynamisches Institut. Paper Presented at the Maurice Holt Colloquium June, 26, 1988, Williamsburg, USA. To be published in Lecture Notes of Physics, Springer Verlag.
[2.2] FRANKE, T.: Experimentelle Untersuchung der Wandeinflüsse bei schallnah angeströmten Tragflügelprofilen. Abhandl. Aerodyn. Institut der RWTH Aachen, Heft 28, S. 12–18, (1988).
[2.3] HÄNEL, D., BREUER, M.: Berechnung schallnah angeströmter Profile. Persönliche Mitteilung, Oktober 1987.
[2.4] SCHWEITZER, W.-B.: Tragflügelprofile in instationärer Anströmung. Diss. RWTH Aachen (1988).
[2.5] DORTMANN, K.: Computation of viscous unsteady compressible flow about airfoils. Paper presented at the 11th International Conference on Numerical Methods in Fluid Dynamics, Williamsburg June 27–July 1, 1988. To be published in Lecture Notes of Physics. Springer Verlag.
[2.6] HARTWICH, P.-M.: Berechnung von Vorderkantenwirbeln an Deltaflügeln, Diss. RWTH Aachen (1983).
[2.7] HARTWICH, P.-M., HSU, C.-H.: High resolution upwind schemes for the three-dimensional, incompressible Navier-Stokes equations. AIAA-87-0547. AIAA 25th Aerospace Siences Meeting, January 1987, Reno, Nevada.
[2.8] HSU, C.-H., HARTWICH, P.-M., LIU, C. H.: Studies of Vortex Flow Aerodynamics using CFD Flow Visualisations. Paper to be presented at the Fourth Asian Congress of Fluid Mechanis, August 21–25, 1989, Hong Kong.
[2.9] KRAUSE, E.: Computational Fluid Dynamics; Its Present Status and Future Direction. Computers and Fluids. Vol. 13, N. 3. S. 239–269, (1985).
[2.10] KRAUSE, E., REYNA, L., MENNE, S.: Druckänderung bei axialsymmetrischem Wirbelaufplatzen. Abhandl. Aeordyn. Institut der RWTH Aachen, Heft 27, S. 1–9, (1985).
[2.11] SHI, X.-G.: Numerische Simulation des Aufplatzens von Wirbeln. Abhandl. Aerodyn. Institut der RWTH Aachen, Heft 279, S. 10–18, (1985).
[2.12] KRAUSE, E.: Der Einfluß der Kompressibilität auf schlanke Wirbel. Abhandl. Aerodyn. Institut der RWTH Aachen, Heft 27, S. 19–23, (1985).
[2.13] MENNE, S.: Aufplatzen axialsymmetrischer Wirbel, Abhandl. Aerodyn. Institut der RWTH Aachen, Heft 28, S. 23–32, (1988)
[2.14] MENNE, S.: Simulation of Vortex Breakdown in Tubes. AIAA 88-3575. First National Fluid Dynamics Congress, July 25–28, 1988, Cincinatti, Ohio.
[2.15] SCHWANE, R., HÄNEL, D.: An Implicit Flux-Vector Splitting Scheme for the Computation of Viscous Hypersonic Flow. Paper submitted for Publication in AIAA.
[2.16] DE COSTA, J. L., AYMER DE LA CHEVALERIE, D., ALZIRY DE ROQUEFORT, T.: Ecoulement tridimensionale hypersonic sur une combinaison d'ellipsoides. Rapport N. 4RDMF 86, Université de Poitieres, France, (1987).

3. Kapitel

[3.1] FÖLLMER, B., ZELLER, H.: Nichtstationäre Strömung im Einlauf von Vollhub Sicherheitsventilen. Abhandl. Aerodyn. Institut der RWTH Aachen, Heft 24, S. 56–60.
[3.2] FÖLLMER, B.: Strömung im Einlauf von Sicherheitsventilen. Diss. RWTH Aachen (1981).
[3.3] GIESE, U.: Berechnung schallnaher Einlaufströmungen. Diss. RWTH Aachen (1983).
[3.4] DORTMANN, K.: Numerische Simulation kompressibler, reibungsbehafteter Gitterströmungen. ZAMM Bd. 68, Heft 5, S. 291–293 (1988).
[3.5] HENKE, H. H.: Lösung der Euler-Gleichungen mit der Methode der angenäherten Faktorisierung. Diss. RWTH Aachen (1986).
[3.6] WEISS, H.: Experimentelle Untersuchung der Verwirbelung von Strömungen in Zylindern von Kolbenmotoren. Diss. RWTH Aachen (1988).
[3.7] KRAUSE, E., LIMBERG, W., HENKE, H., BINNINGER, B., JESCHKE, M.: Untersuchungen wirbelhafter kompressibler Strömungen in Zylindern von Kolbenmotoren. SFB 224 „Motorische Verbrennung", Arbeits- und Ergebnisbericht, RWTH Aachen (1986).
[3.8] BINNINGER, B., JESCHKE, M., HÄNEL, D., LIMBERG, W., KRAUSE, E.: Investigation of Two- and Three-Dimensional Flows in Piston Engines. Paper presented at the Second International Conference on Supercomputing in the Automotive Industry. October 25–28, Seville, Spain. Organized by Cray Research, Inc. (1988).

4. Kapitel

[4.1] GRAVE, H.: Numerische Simulation peristaltischen Transports. Abhandl. Aerodyn. Inst. der RWTH Aachen, Heft 28, S. 69–76 (1988)
[4.2] STEINBACH, B.: Simulation der Ventrikeldynamik bei Klappenersatz und Pumpunterstützung. Diss. RWTH Aachen (1981).
[4.3] BIALONSKI, W.: Modellstudie zur Entlastung des linken Herzens. Diss. RWTH Aachen (1987).
[4.4] GROOD, E., MATES, R., FALSETTI, H.: A Model of Cardia Muscle Dynamics. Circ. Res. 35, S. 184–196 (1974).
[4.5] KREIDEL, D. W.: Kurzgefaßtes Lehrbuch der Physiologie. Georg Thieme Verlag Stuttgart (1975).
[4.6] SCHMIDT, R. F., THEWS, G.: Physiologie des Menschen. Springer Verlag Berlin, Heidelberg, New York (1977).
[4.7] SAUER, O. H, KRAMER, K., JUNG, R.: Physiologie des Menschen. Herz- und Kreislauf. Urban & Schwarzenberg Berlin, München, Wien (1972).

Diskussion

Herr Pischinger: Wenn ich hier etwas frage, dann vor dem Hintergrund, daß Herr Krause und ich natürlich sehr oft miteinander reden. Aber ich frage trotzdem, weil es hier vielleicht anregend ist.

Herr Krause, Sie haben die Innenströmung im Verbrennungsmotor gezeigt, die mich natürlich sehr interessiert, und zwar deshalb, weil diese Strömung die Verbrennung im Motor entscheidend beeinflußt. Sie hängt wirklich davon ab, wie diese Strömung ist. Ich kann immer nur sagen: Es ist gut, daß Nikolaus August Otto nicht gewußt hat, wie kompliziert das ist; sonst hätte er das vielleicht gar nicht in Angriff genommen. Wir können heute natürlich nur abgasgünstige Verbrennungen weiterentwickeln, wenn wir in Details der Strömung hineingehen. Das wollte ich hier zur Bedeutung dieser Sache sagen.

Nun möchte ich aber gleich eine Frage anschließen. Uns würde natürlich zusätzlich zu dieser Strömungsform der Turbulenzgehalt der Strömung außerordentlich interessieren, weil auch das die Flamme sehr beeinflußt, also nicht nur die Strömungsform, wie sie hier gezeigt wurde, sondern die feinen hochfrequenten Strömungsschwankungen, die die Geschwindigkeit der Flamme sehr beschleunigen können. Da erwarten wir auf längere Sicht natürlich auch noch fundierte Aussagen. Wir arbeiten da häufig mit sehr groben sogenannten Turbulenzmodellen, die sicherlich noch nicht befriedigend genug sind.

Vielleicht können Sie zu diesem Thema Turbulenz, das Sie ja angeschnitten haben, im Hinblick darauf noch ein paar Antworten geben oder Richtungen aufzeigen.

Herr Krause: Ich stimme Ihnen zu. Die Modellierung der Turbulenz, die wir heute haben, reicht für derart komplexe Strömungen nicht aus. Ich glaube, man hat allgemein nicht erwartet, daß die Strömung in Zylindern von Kolbenmotoren so kompliziert ist, wie es erst in letzter Zeit sichtbar geworden ist. Das ist ein Ergebnis.

Das andere ist, daß, wenn man sich die Entwicklung gerade auf diesem Gebiet anschaut, durchaus Hoffnung besteht, daß wir in den nächsten zehn bis fünfzehn Jahren in der Lage sein werden, die von Ihnen angesprochenen feineren Strukturen, die wir bewußt aus unseren Betrachtungen herausgelassen haben, simulieren zu können. Ich muß Ihnen aber auch sagen, daß dies nur möglich sein wird, wenn wir hinreichend große und schnelle Computer zur Verfügung haben. Die Ergebnisse, die ich Ihnen gezeigt habe, haben wir vor einiger Zeit der Firma Cray gezeigt, und sie hat uns mitgeteilt, daß sie bereit ist, Rechenzeit zur Verfügung zu stellen. Die Firma hat für derartige Dinge zehn große Maschinen zur Verfügung. Wir haben in Jülich für unsere Großforschungsanstalt zwei Maschinen zur Verfügung. Sie können daran sehen, daß anderswo das Rechenpotential im Vergleich zu dem, was wir haben, wesentlich größer ist.

Es ist aber nicht nur das Rechenpotential, sondern es ist auch die mathematisch-physikalische Modellierung, die hier erforderlich ist und die wir keineswegs vernachlässigen dürfen. Vor allen Dingen dürfen wir auf diese stark instationären Strömungen nicht ohne weiteres das übertragen, was wir aus einfachen Betrachtungen von Außenströmungen wissen. Der Fehler, der dadurch entstehen kann, kann relativ groß sein. Aber ich glaube auch, daß man trotz aller Mängel heute schon mit den bestehenden Methoden mehr Aussagen machen kann, als vor, sagen wir, fünf bis zehn Jahren möglich war.

Herr Staufenbiel: Das Bild von der Motorströmung, das hier gezeigt wurde, wies ja ähnlich, wie Sie es am Tragflügel gezeigt haben, eine ziemlich starke Wirbelkomponente auf, wobei die Turbulenz wie bei unseren Flugzeugen ganz erheblich ist. Nun ist die Turbulenz ein stochastischer Vorgang. Auf der anderen Seite gibt es – das Aufplatzen spricht ein wenig dafür – offensichtlich auch bei der Wirbelströmung den Übergang zu Stochastik, zu chaotischen Vorgängen, die wir in den Bildern auch gut erkannt haben.

Sehen Sie überhaupt die Möglichkeit, diese beiden Phänomene zu separieren? Oder kann man vielleicht sagen, daß die Turbulenz, die Wirbelentstehung und der Wirbelzerfall irgendwie zusammenhängen? Ist das ein Ansatz, der vielleicht hoffen läßt, von den einfachen Turbulenzmodellen etwas wegzukommen und aus der numerischen Simulation noch etwas mehr zu lernen?

Herr Krause: Die Antwort ist ja. Großstrukturige Turbulenz ist im Grunde genommen nichts anderes als eine Vielzahl aufplatzender Wirbel. Sie lösen die großen Strukturen, die Sie gesehen haben, auf und erzeugen damit immer kleinere. Das ist ein ganzes Spektrum, das dem Mechanismus, den wir beim Wirbelaufplatzen gesehen haben, durchaus folgt. Es ist nur schwierig aus den Gründen, die ich eingangs nannte, nämlich daß Sie dafür eine hinreichend feine Auflösung des Strömungsfeldes haben müssen und damit auch sehr große Computer. Das ist die eine Problematik.

Die andere Problematik ist durch die numerische Dämpfung gegeben. Wir wissen heute noch nicht, wie stark das Dämpfen die Turbulenz verfälscht. Aber es wird sicher so sein, daß Sie Elemente des Aufplatzvorganges in der Turbulenz im Zylinder wiederfinden.

Herr Mäcke: Am Anfang haben Sie ein Bild gezeigt, daß mich sehr interessiert hat. Es ging um Wellblech, das mich wahrscheinlich auch aus nostalgischen Gründen interessiert, weil ich mit der alten JU einmal nach Afrika transportiert worden bin.

Sie haben gesagt, daß der Widerstand durch die Wellung des Blechs vermindert wird. Wie kommt das zustande? Hängt das auch mit den Turbulenzen zusammen, mit dem Ablauf der Turbulenzen? Bekommt man das Problem damit besser in den Griff als mit gerade-rauhen Flächen? Das ist die Frage. Sie sind nachher nicht mehr darauf eingegangen. Darüber hätte ich gerne etwas gewußt.

Herr Krause: Diese Betrachtungen gehen von Beobachtungen aus, die man an Fischen gemacht hat. Es gibt Fische, die, wenn sie auf Beute gehen, sehr großmolekülige Flüssigkeiten ejizieren, und diese Flüssigkeiten sind in der Lage, die turbulenten Fluktuationen auszudämpfen, und dadurch können sie den Widerstand verringern.

Man hat auch beobachtet, daß gewisse Fische eine Struktur in ihrer Haut haben, die an das Wellblech der JU 52 erinnert, nur sind die Abmessungen ganz andere. Beim Admirals Cup, der ja, wie Sie wissen, vor Australien ausgetragen worden ist, hat die Firma 3M ein amerikanisches Schiff mit einer solchen Haut beklebt. Ob das etwas geholfen hat, ist noch die Frage. Aber derartige Strukturen werden zur Zeit untersucht, und ich glaube, es gibt in den USA schon einige Versuchsflugzeuge, die mit einer solchen geriffelten Struktur – Gummihaut, Kunststoff oder was immer es ist – belegt sind. Damit soll festgestellt werden, ob der Widerstand reduziert werden kann.

Herr Mäcke: Meine Frage ging entsprechend Ihrem Thema dahin, ob man das denn auch simulieren kann. Haben Sie einen Ansatz, Riffelstrukturen zu simulieren?

Herr Krause: Es gibt gewisse Ansätze; aber das Problem scheint noch wesentlich komplizerter zu sein, als wir es uns bisher vorgestellt haben. Man kann also noch keine genauen Aussagen darüber machen.

Herr Batzel: Wir haben hier vor einiger Zeit bei einem Nekrolog auf einen Aachener Kollegen, Herrn Professor Alexander Naumann, erfahren, daß er mit strömungstechnischen Untersuchungen einen sehr positiven Einfluß auf die Gestaltung künstlicher Herzventile und Herzklappen gewonnen hat. Ich erinnere mich an die sehr eindrucksvolle Darstellung dieser Vorgänge im Rahmen des Nekrologes.

Meine Frage: Ist diese Entwicklung abgeschlossen? Oder sehen Sie hier vielleicht noch die Chance eines weiteren Fortschritts mit Hilfe der Simulationstechnik?

Herr Krause: Diese Untersuchungen, von denen Sie sprechen, wurden in einem Sonderforschungsbereich durchgeführt. Nach dessen Abschluß sollte ein neuer Sonderforschungsbereich gegründet werden. Leider ist – das muß man schon sagen – die medizinische Welt in Deutschland gespalten, und wir konnten keine eindeutige Antwort, vor allen Dingen keine moralische Unterstützung bekommen, ob wir derartige Untersuchungen in Zusammenarbeit mit unserer medizinischen Fakultät fortsetzen sollen oder nicht.

Wir werden noch in diesem Monat Gespräche mit Medizinern aus Münster führen. Wir wollen Untersuchungen einleiten, die sich mit Fragen der Lungendurchströmung beschäftigen. Die Herzklappenuntersuchungen werden also in dem Rahmen, wie das bisher der Fall war, nicht weitergeführt, wohl aber in einzelnen Instituten, wie zum Beispiel im Helmholtz-Institut für Biomedizinische Technik und in dem Institut, das ich leite. Wir entwickeln im Auftrage der BMFT Prüfstände und Prüfmodalitäten für künstliche Herzklappen, so daß also ein Mediziner eines Tages in der Klinik ein Gerät hat, mit dem er die Funktionsfähigkeit einer künstlichen Herzklappe in der Klinik überprüfen kann.

Herr Dettmering: Herr Krause, zwei große Männer der Strömungsphysik, Föttinger und Prandtl, würden Ihnen zu dieser Leistung gratulieren, über die Sie heute hier vorgetragen haben. Dies als Vorbemerkung. Jetzt meine Frage: Wenn Sie das Strömungsfeld simulieren, können Sie das für die richtige Reynolds-Zahl?

Herr Krause: Nein. Das ist gerade das Problem. Wenn Sie die Reynolds-Zahl in den Rechner geben, geht sie mit dem Reziprokwert in die rechte Seite der Gleichungen ein. Wenn Sie eine sehr große Reynolds-Zahl haben, sagen wir, 10^6, dann wird alles, was mit dem Reziprokwert der Reynolds-Zahl multipliziert wird, durch 10^6 dividiert. Diese Terme fallen dann praktisch weg. Die Strömung im Computer will im Grunde genommen nachempfinden, was die Natur macht. Sie will turbulent werden. Nur sind in der Regel die Gitternetze, die wir heute haben, aufgrund der noch nicht hinreichenden Computergröße nicht fein genug, so daß wir die Einzelheiten, die Tollmien-Schlichting-Wellen und alles, was bei der Transition entsteht, heute nur in Modellproblemen simulieren können. Die Lösung wird numerisch instabil. Wenn Sie das vermeiden wollen, müssen Sie zusätzlich eine numerische Dämpfung hinzufügen, und dadurch verändern Sie lokal die Größe der Reynolds-Zahl.

Der Computer sieht also im Grunde genommen eine Reynolds-Zahl, die sich von der tatsächlich vorhandenen unterscheidet. Damit können Sie bei so großen Reynolds-Zahlen zwar die Druckverteilung relativ gut simulieren, weil die Verdrängungswirkung des reibungsbehafteten Teils der Strömung einen geringen Einfluß auf die Druckverteilung hat.

Es gibt eine sehr starke Wechselwirkung zwischen den numerischen Approximationen, die Sie machen müssen, und den physikalischen Gegebenheiten. Das ist heute ein großes Aufgabengebiet der angewandten Mathematik, der Informatik und der Strömungsphysik.

Herr Dettmering: Die Reynolds-Zahl ist nichts weiter als das Verhältnis Reibungskräfte zu Massenkräften, und ich stelle mir vor, wenn Sie Reibungskräfte berücksichtigen – Massenkräfte berücksichtigen Sie in jedem Fall –, daß Sie bei der Wahl des richtigen Verhältnissses auch die richtige Reynoldszahl bekommen müßten? Das hätte doch den Vorteil, daß Sie keinen Windkanal mehr brauchen.

Herr Krause: Die Aussage, daß die Reynolds-Zahl zur Charakterisierung ausschlaggebend ist, trifft im Grunde genommen zu. Sie trifft aber nicht für die lokalen Strukturen zu.

Herr Dettmering: Wie kann das erklärt werden?

Herr Krause: Wenn Sie einen Wirbel mit einem Durchmesser von 2 cm haben, müssen Sie dafür sorgen, daß Sie mindestens 10 Gitterpunkte über den Radius verteilt haben. Es kann die Reynolds-Zahl noch so groß sein; wenn Sie diese Auflösung nicht haben, werden Sie den Wirbel in der Rechnung nicht sehen. Sie haben ja gesehen, daß, wenn wir zu stark dämpfen, die Schwankungen im Auftriebsbeiwert sofort weg waren.

Herr Dettmering: Wenn Sie also, sagen wir einmal, auf die Berechnung der Reibung abzielen, dann können Sie doch den Widerstand des umströmten Körpers berechnen?

Herr Krause: Wir können den Widerstand ausrechnen.

Herr Dettmering: Hier darf ich nochmal Prandtl und Föttinger erwähnen. Prandtl ging davon aus, daß die Grenzschicht am Körper für die Reibung maßgebend sei, während Föttinger die Dicke des Nachlaufs, also das, was Sie mit der Wirbelschleppe gekennzeichnet haben, für den Widerstand als maßgebend angesehen hat. Der Prandtl'sche Ansatz war der einzige, der jahrzehntelang erfolgreich war. Die Theorie von Föttinger ist mehr oder weniger untergegangen. Aber wenn man das heute sieht, stellt man fest, daß sie beide recht hatten, und das beide Ansätze gebraucht werden. Das finde ich erstaunlich.

Herr Krause: Es ist heute so: Wenn Sie eine Strömung um ein Tragflügelprofil rechnen und nicht den Nachlauf betrachten, werden Sie nicht mehr ernst genommen.

Herr Staufenbiel: Sie haben in einem Bild gezeigt und davon gesprochen, und zwar in Verbindung mit dem Hermes-Projekt, also einem Hyperschallfluggerät, daß die Strömungsbedingungen in die Möglichkeit gelangen, auch numerisch behandelt zu werden. Nun haben Sie bei Behandlung der Erhaltungsgleichungen nicht explizit erwähnt, daß in diesen Fällen die Chemie eine zunehmend große Rolle spielen wird. Wie sehen Sie die Möglichkeiten, nicht im Windkanal, wie das bei Space-Shuttle der Fall war, sondern, wie es bei Hermes beabsichtigt ist, einen Großteil des Entwurfs und der Beurteilung dieses Projekts numerisch zu machen?

Herr Krause: Es ist atemberaubend zu sehen, mit welcher Akribie sich die Franzosen auf die Numerik bei dem Entwurf des Hermes-Projekts abstützen. Zunächst wurde die Chemie völlig herausgelassen, aber schon nach eineinhalb Jahren ist man dabei, die Chemie in den Erhaltungsgleichungen zu berücksichtigen. Das ist natürlich noch nicht die Realität, aber Sie können sicher sein, daß in wenigen Jahren der größte Teil der erforderlichen Chemie bei der Betrachtung von Strömungsfeldern mit einbezogen werden kann.

Herr Mäcke: Ich möchte doch noch einmal auf die Rauhigkeit eingehen. Ich habe einmal als Bauingenieur in Wasserversorgungsnetzen die Rauhigkeiten gemessen. Es gibt ja unterschiedliche Rauhigkeiten. Da ist zunächst einmal die natürliche „statistische" Rauhigkeit. Bei sehr verrosteten Rohren gibt es ganz große Unregelmäßigkeiten. Dann gibt es zum Beispiel die Sandrauhigkeit nach Nikuradse, die schon etwas besser ist. Es gibt aber auch noch eine Sielhaut in Abwassergerinnen. Letztere bilden gallertige, schleimige Beläge in den Rohren aus. Dabei geht der Widerstand schon sehr herunter, und das macht sehr viel aus. Wenn sich haarartige oder federartige Überzüge (Fischotter, Taucher, Pinguine ...) – da habe ich allerdings keine Versuche gemacht und habe also selbst keine Erfahrungen – im Wasserfluß anpassen, geht der Widerstand noch einmal herunter. Irgendwie könnten also auch die angesprochenen gleichmäßigen Riffel so wie eine Sandrauhigkeit wirken, bei der die, wie ich einmal sagen will, „stochastischen" Unebenheiten mehr geglättet werden.

Gibt es irgendwelche bekannten Prinzipien? Kennen Sie so etwas wie theoretische Ansätze, daß solche gallertartigen oder nachgiebigen Bezüge über Flächen den Widerstand noch einmal mindern? Das wird beim Delphin ja auch der Fall sein, daß gallertartige Abscheidungen hinzukommen.

Herr Krause: Sie haben den Finger schon auf die Wunde gelegt. Die Strömungsmechanik hat gerade diese Problematik, nämlich die Problematik der Rauhigkeit, in den letzten zehn, zwanzig Jahren sträflichst vernachlässigt.
Mir ist aber bekannt, daß in den USA – besonders von der Navy – an diesen Problemen gearbeitet wird. Allerdings muß ich Ihnen auch sagen, daß das aus einsichtigen Gründen geheim gehalten wird. Wir in Aachen haben uns mit dieser Problematik, die sicher sehr viel Aufwand erfordert, nicht beschäftigt. Aber ich weiß, daß daran gearbeitet wird. Zum Beispiel sollen Oberflächen für Schiffe erzeugt werden, wie Sie sie an Delphinen sehen können. Der Stand der Dinge ist mir aber nicht bekannt.

Herr Knoche: Vielleicht noch eine kurze Anmerkung zur Frage von Herrn Mäcke. Durch Zugabe von bestimmten organischen Substanzen läßt sich der Widerstandsbeiwert in Rohrströmungen beträchtlich vermindern. Derartige Untersuchungen werden bei Herrn Giesekus in Dortmund und auch bei Herrn Durst in Erlangen durchgeführt.

Veröffentlichungen
der Rheinisch-Westfälischen Akademie der Wissenschaften

Neuerscheinungen 1983 bis 1989

Vorträge N Heft Nr.		NATUR-, INGENIEUR- UND WIRTSCHAFTSWISSENSCHAFTEN
322	1. Akademie-Forum	Technische Innovationen und Wirtschaftskraft
	Horst Albach	Innovationen für Wirtschaftswachstum und internationale Wettbewerbsfähigkeit
	Alfred Fettweis	Die Elektronikindustrie – Schlüssel für die zukünftige wirtschaftliche Entwicklung
323	Manfred Depenbrock, Bochum	Energieumformung und Leistungssteuerung bei einer modernen Universallokomotive
324	Franz Pischinger, Aachen	Möglichkeiten zur Energieeinsparung beim Teillastbetrieb von Kraftfahrzeugmotoren
	Dietrich Neumann, Köln	Die zeitliche Programmierung von Tieren auf periodische Umweltbedingungen
325	Hans-Georg von Schnering, Stuttgart	Clusteranionen: Struktur und Eigenschaften
	Arndt Simon, Stuttgart	Neue Entwicklungen in der Chemie metallreicher Verbindungen
326	Fritz Führ, Jülich	Praxisnahe Tracerversuche zum Verbleib von Pflanzenschutzwirkstoffen im Agrarökosystem
	Hermann Sahm, Jülich	Biogasbildung und anaerobe Abwasserreinigung
327	Hans-Heinrich Stiller, Jülich/Münster	Das Projekt Spallations-Neutronenquelle
	Klaus Pinkau, Garching	Stand und Aussichten der Kernfusion mit magnetischem Einschluß
328	Peter Starlinger, Köln	Transposition: Ein neuer Mechanismus zur Evolution
	Klaus Rajewsky, Köln	Antikörperdiversität und Netzwerkregulation im Immunsystem
329	Wilfried B. Krätzig, Bochum	Große Naturzugkühltürme – Bauwerke der Energie- und Umwelttechnik
	Helmut Domke, Aachen	Neue Möglichkeiten in der Konstruktiven Gestaltung von Bauwerken
330	Volker Ullrich, Konstanz	Entgiftung von Fremdstoffen im Organismus
331	Alexander Naumann †, Aachen	Fluiddynamische, zellphysiologische und biochemische Aspekte der Atherogenese unter Strömungseinflüssen
	Holger Schmid-Schönbein, Aachen	
332	Klaus Langer, Berlin	Die Farbe von Mineralen und ihre Aussagefähigkeit für die Kristallchemie
	Tasso Springer, Aachen/Jülich	Diffusionsuntersuchungen mit Hilfe der Neutronenspektroskopie
333	Wolfgang Priester, Bonn	Urknall und Evolution des Kosmos – Fortschritte in der Kosmologie
334	Raoul Dudal, Rom	Land Resources for the World's Food Production
	Siegfried Batzel, Herten	Der Weltkohlenhandel
335	Andreas Sievers, Bonn	Sinneswahrnehmung bei Pflanzen: Graviperzeption
336	Alain Bensoussan, Paris	Stochastic Control
	Werner Hildenbrand, Bonn	Über den empirischen Gehalt der neoklassischen ökonomischen Theorie
337	Jürgen Overbeck, Plön	Stoffwechselkopplung zwischen Phytoplankton und heterotrophen Gewässerbakterien
	Heinz Bernhardt, Siegburg	Ökologische und technische Aspekte der Phosphoreliminierung in Süßgewässern
338	Helmut Wolf, Bonn	Fortschritte der Geodäsie: Satelliten- und terrestrische Methoden mit ihren Möglichkeiten
	Friedel Hoßfeld, Jülich	Parallelrechner – die Architektur für neue Problemdimensionen
339	Claus Müller, Aachen	Symmetrie und Ornament (Eine Analyse mathematischer Strukturen der darstellenden Kunst) Jahresfeier am 9. Mai 1984
340	Karl Gertis, Essen	Energieeinsparung und Solarenergienutzung im Hochbau – Erreichtes und Erreichbares
	Paul A. Mäcke, Aachen	Die Bedeutung der Verkehrsplanung in der Stadtplanung – heute
341	Werner Müller-Warmuth, Münster	Einlagerungsverbindungen: Struktur und Dynamik von Gastmolekülen
	Friedrich Seifert, Kiel	Struktur und Eigenschaften magmatischer Schmelzen
342	Heinz Losse, Münster	Die Behandlung chronisch Nierenkranker mit Hämodialyse und Nierentransplantation
	Ekkehard Grundmann, Münster	Stufen der Carcinogenese
343	Otto Kandler, München	Archaebakterien und Phylogenie
	Achim Trebst, Bochum	Die Topologie der integralen Proteinkomplexe des photosynthetischen Elektronentransportsystems in der Membran

344	Marianne Baudler, Köln	Aktuelle Entwicklungstendenzen in der Phosphorchemie
	Ludwig von Bogdandy, Duisburg	Kontrolle von umweltsensitiven Schadstoffen bei der Verarbeitung von Steinkohle
345	Stefan Hildebrandt, Bonn	Variationsrechnung heute
346	3. Akademie-Forum	Umweltbelastung und Gesellschaft – Luft – Boden – Technik
	Hermann Flohn	Belastung der Atmosphäre – Treibhauseffekt – Klimawandel?
	Dieter H. Ehhalt	Chemische Umwandlungen in der Atmosphäre
	Fritz Führ u. a.	Belastung des Bodens durch lufteingetragene Schadstoffe und das Schicksal organischer Verbindungen im Boden
	Wolfgang Kluxen	Ökologische Moral in einer technischen Kultur
	Franz Josef Dreyhaupt	Tendenzen der Emissionsentwicklung aus stationären Quellen der Luftverunreinigung
	Franz Pischinger	Straßenverkehr und Luftreinhaltung – Stand und Möglichkeiten der Technik
347	Hubert Ziegler, München	Pflanzenphysiologische Aspekte der Waldschäden
	Paul J. Crutzen, Mainz	Globale Aspekte der atmosphärischen Chemie: Natürliche und anthropogene Einflüsse
348	Horst Albach, Bonn	Empirische Theorie der Unternehmensentwicklung
349	Günter Spur, Berlin	Fortgeschrittene Produktionssysteme im Wandel der Arbeitswelt
	Friedrich Eichhorn, Aachen	Industrieroboter in der Schweißtechnik
350	Heinrich Holzner, Wien	Hormonelle Einflüsse bei gynäkologischen Tumoren
351	4. Akademie-Forum	Die Sicherheit technischer Systeme
	Rolf Staufenbiel, Aachen	Die Sicherheit im Luftverkehr
	Ernst Fiala, Wolfsburg	Verkehrssicherheit – Stand und Möglichkeiten
	Niklas Luhmann, Bielefeld	Sicherheit und Risiko aus der Sicht der Sozialwissenschaften
	Otto Pöggeler, Bochum	Die Ethik vor der Zukunftsperspektive
	Axel Lippert, Leverkusen	Sicherheitsfragen in der Chemieindustrie
	Rudolf Schulten, Aachen	Die Sicherheit von nuklearen Systemen
	Reimer Schmidt, Aachen	Juristische und versicherungstechnische Aspekte
352	Sven Effert, Aachen	Neue Wege der Therapie des akuten Herzinfarktes
		Jahresfeier am 7. Mai 1986
353	Alarich Weiss, Darmstadt	Struktur und physikalische Eigenschaften metallorganischer Verbindungen
	Helmut Wenzl, Jülich	Kristallzuchtforschung
354	Hans Helmut Kornhuber, Ulm	Gehirn und geistige Leistung: Plastizität, Übung, Motivation
	Hubert Markl, Konstanz	Soziale Systeme als kognitive Systeme
355	Max Georg Huber, Bonn	Quarks – der Stoff aus dem Atomkerne aufgebaut sind?
	Fritz G. Parak, Münster	Dynamische Vorgänge in Proteinen
356	Walter Eversheim, Aachen	Neue Technologien – Konsequenzen für Wirtschaft, Gesellschaft und Bildungssystem –
357	Bruno S. Frey, Zürich	Politische und soziale Einflüsse auf das Wirtschaftsleben
	Heinz König, Mannheim	Ursachen der Arbeitslosigkeit: zu hohe Reallöhne oder Nachfragemangel?
358	Klaus Hahlbrock, Köln	Programmierter Zelltod bei der Abwehr von Pflanzen gegen Krankheitserreger
359	Wolfgang Kundt, Bonn	Kosmische Überschallstrahlen
	Theo Mayer-Kuckuk, Bonn	Das Kühler-Synchrotron COSY und seine physikalischen Perspektiven
360	Frederick H. Epstein, Zürich	Gesundheitliche Risikofaktoren in der modernen Welt
	Günther O. Schenck, Mülheim/Ruhr	Zur Beteiligung photochemischer Prozesse an den photodynamischen Lichtkrankheiten der Pflanzen und Bäume ('Waldsterben')
361	Siegfried Batzel, Herten	Die Nutzung von Kohlelagerstätten, die sich den bekannten bergmännischen Gewinnungsverfahren verschließen
		Jahresfeier am 11. Mai 1988
362	Erich Sackmann, München	Biomembranen: Physikalische Prinzipien der Selbstorganisation und Funktion als integrierte Systeme zur Signalerkennung, -verstärkung und -übertragung auf molekularer Ebene
	Kurt Schaffner, Mülheim/Ruhr	Zur Photophysik und Photochemie von Phytochrom, einem photomorphogenetischen Regler in grünen Pflanzen
363	Klaus Knizia, Dortmund	Energieversorgung im Spannungsfeld zwischen Utopie und Realität
	Gerd H. Wolf, Jülich	Fusionsforschung in der Europäischen Gemeinschaft
364	Hans Ludwig Jessberger, Bochum	Geotechnische Aufgaben der Deponietechnik und der Altlastensanierung
	Egon Krause, Aachen	Numerische Strömungssimulation
365	Dieter Stöffler, Münster	Geologie der terrestrischen Planeten und Monde
	Hans Volker Klapdor, Heidelberg	Der Beta-Zerfall der Atomkerne und das Alter des Universums

ABHANDLUNGEN

Band Nr.

54	Richard Glasser, Neustadt a. d. Weinstr.	Über den Begriff des Oberflächlichen in der Romania
55	Elmar Edel, Bonn	Die Felsgräbernekropole der Qubbet el Hawa bei Assuan. II. Abteilung: Die althieratischen Topfaufschriften aus den Grabungsjahren 1972 und 1973
56	Harald von Petrikovits, Bonn	Die Innenbauten römischer Legionslager während der Prinzipatszeit
57	Harm P. Westermann u. a., Bielefeld	Einstufige Juristenausbildung. Kolloquium über die Entwicklung und Erprobung des Modells im Land Nordrhein-Westfalen
58	Herbert Hesmer, Bonn	Leben und Werk von Dietrich Brandis (1824–1907) – Begründer der tropischen Forstwirtschaft. Förderer der forstlichen Entwicklung in den USA. Botaniker und Ökologe
59	Michael Weiers, Bonn	Schriftliche Quellen in Moġolī, 2. Teil: Bearbeitung der Texte
60	Reiner Haussherr, Bonn	Rembrandts Jacobssegen. Überlegungen zur Deutung des Gemäldes in der Kasseler Galerie
61	Heinrich Lausberg, Münster	Der Hymnus ›Ave maris stella‹
62	Michael Weiers, Bonn	Schriftliche Quellen in Moġolī, 3. Teil: Poesie der Mogholen
63	Werner H. Hauss, Münster Robert W. Wissler, Chicago, Rolf Lehmann, Münster	International Symposium 'State of Prevention and Therapy in Human Arteriosclerosis and in Animal Models'
64	Heinrich Lausberg, Münster	Der Hymnus ›Veni Creator Spiritus‹
65	Nikolaus Himmelmann, Bonn	Über Hirten-Genre in der antiken Kunst
66	Elmar Edel, Bonn	Die Felsgräbernekropole der Qubbet el Hawa bei Assuan. Paläographie der althieratischen Gefäßaufschriften aus den Grabungsjahren 1960 bis 1973
67	Elmar Edel, Bonn	Hieroglyphische Inschriften des Alten Reiches
68	Wolfgang Ehrhardt, Athen	Das Akademische Kunstmuseum der Universität Bonn unter der Direktion von Friedrich Gottlieb Welcker und Otto Jahn
69	Walther Heissig, Bonn	Geser-Studien. Untersuchungen zu den Erzählstoffen in den „neuen" Kapiteln des mongolischen Geser-Zyklus
70	Werner H. Hauss, Münster Robert W. Wissler, Chicago	Second Münster International Arteriosclerosis Symposium: Clinical Implications of Recent Research Results in Arteriosclerosis
71	Elmar Edel, Bonn	Die Inschriften der Grabfronten der Siut-Gräber in Mittelägypten aus der Herakleopolitenzeit
72	(Sammelband)	Studien zur Ethnogenese
	Wilhelm E. Mühlmann	Ethnogonie und Ethnogonese
	Walter Heissig	Ethnische Gruppenbildung in Zentralasien im Licht mündlicher und schriftlicher Überlieferung
	Karl J. Narr	Kulturelle Vereinheitlichung und sprachliche Zersplitterung: Ein Beispiel aus dem Südwesten der Vereinigten Staaten
	Harald von Petrikovits	Fragen der Ethnogenese aus der Sicht der römischen Archäologie
	Jürgen Untermann	Ursprache und historische Realität. Der Beitrag der Indogermanistik zu Fragen der Ethnogenese
	Ernst Risch	Die Ausbildung des Griechischen im 2. Jahrtausend v. Chr.
	Werner Conze	Ethnogenese und Nationsbildung – Ostmitteleuropa als Beispiel
73	Nikolaus Himmelmann, Bonn	Ideale Nacktheit
74	Alf Önnerfors, Köln	Willem Jordaens, Conflictus virtutum et viciorum. Mit Einleitung und Kommentar
75	Herbert Lepper, Aachen	Die Einheit der Wissenschaften: Der gescheiterte Versuch der Gründung einer „Rheinisch-Westfälischen Akademie der Wissenschaften" in den Jahren 1907 bis 1910
76	Werner H. Hauss, Münster Robert W. Wissler, Chicago Jörg Grünwald, Münster	Fourth Münster International Arteriosclerosis Symposium: Recent Advances in Arteriosclerosis Research
78	(Sammelband)	Studien zur Ethnogenese, Band 2
	Rüdiger Schott	Die Ethnogenese von Völkern in Afrika
	Siegfried Herrmann	Israels Frühgeschichte im Spannungsfeld neuer Hypothesen
	Jaroslav Šašel	Der Ostalpenbereich zwischen 550 und 650 n. Chr.
	András Róna-Tas	Ethnogenese und Staatsgründung. Die türkische Komponente bei der Ethnogenese des Ungartums

Register zu den Bänden 1 (Abh. 72) und 2 (Abh. 78)

Sonderreihe PAPYROLOGICA COLONIENSIA

Vol. I
Aloys Kehl, Köln — Der Psalmenkommentar von Tura, Quaternio IX

Vol. II
Erich Lüddeckens, Würzburg,
P. Angelicus Kropp O. P., Klausen,
Alfred Hermann und Manfred Weber, Köln — Demotische und Koptische Texte

Vol. III
Stephanie West, Oxford — The Ptolemaic Papyri of Homer

Vol. IV
Ursula Hagedorn und Dieter Hagedorn, Köln,
Louise C. Youtie und Herbert C. Youtie, Ann Arbor — Das Archiv des Petaus (P. Petaus)

Vol. V
Angelo Geißen, Köln
Wolfram Weiser, Köln — Katalog Alexandrinischer Kaisermünzen der Sammlung des Instituts für Altertumskunde der Universität zu Köln
Band 1: Augustus-Trajan (Nr. 1–740)
Band 2: Hadrian-Antoninus Pius (Nr. 741–1994)
Band 3: Marc Aurel-Gallienus (Nr. 1995–3014)
Band 4: Claudius Gothicus–Domitius Domitianus, Gau-Prägungen, Anonyme Prägungen, Nachträge, Imitationen, Bleimünzen (Nr. 3015–3627)
Band 5: Indices zu den Bänden 1 bis 4

Vol. VI
J. David Thomas, Durham — The epistrategos in Ptolemaic and Roman Egypt
Part 1: The Ptolemaic epistrategos
Part 2: The Roman epistrategos

Vol. VII
Bärbel Kramer und Robert Hübner (Bearb.), Köln — Kölner Papyri (P. Köln)
Band 1
Bärbel Kramer und Dieter Hagedorn (Bearb.), Köln — Band 2
Bärbel Kramer, Michael Erler, Dieter Hagedorn und Robert Hübner (Bearb.), Köln — Band 3
Bärbel Kramer, Cornelia Römer und Dieter Hagedorn (Bearb.), Köln — Band 4
Michael Gronewald, Klaus Maresch und Wolfgang Schäfer (Bearb.), Köln — Band 5
Michael Gronewald, Bärbel Kramer, Klaus Maresch, Maryline Parca und Cornelia Römer (Bearb.) — Band 6

Vol. VIII
Sayed Omar (Bearb.), Kairo — Das Archiv des Soterichos (P. Soterichos)

Vol. IX
Dieter Kurth, Heinz-Josef Thissen und Manfred Weber (Bearb.), Köln — Kölner ägyptische Papyri (P. Köln ägypt.)
Band 1

Vol. X
Jeffrey S. Rusten, Cambridge, Mass. — Dionysius Scytobrachion

Vol. XI
Wolfram Weiser, Köln — Katalog der Bithynischen Münzen der Sammlung des Instituts für Altertumskunde der Universität zu Köln
Band 1: Nikaia. Mit einer Untersuchung der Prägesysteme und Gegenstempel

Vol. XII
Colette Sirat, Paris u. a. — La *Ketouba* de Cologne. Un contrat de mariage juif à Antinoopolis

Vol. XIII
Peter Frisch, Köln — Zehn agonistische Papyri

Vol. XIV
Ludwig Koenen, Ann Arbor
Cornelia Römer (Bearb.), Köln — Der Kölner Mani-Kodex.
Über das Werden seines Leibes. Kritische Edition mit Übersetzung.